하루 1 분 언어자극의 기적

每天一分鐘對話，0~5歲孩子腦部發展大躍進

黃眞悧 황진이／著
馮燕珠／譯

序

在餵孩子吃飯、摺衣服時的對話就已經足夠了

「和孩子在一起時通常都做些什麼呢？」

「幫孩子洗澡、弄飯給他吃。如果我在忙家務的時候，就讓孩子在一旁自己玩玩具。」

在新冠疫期最嚴峻的時期，我改採線上的方式來接受諮詢。其中有一位母親，因為擔心二歲半的孩子每天都待在家裡，沒有機會到外頭與人互動，對語言和社會性發展會產生不好的影響。實際上，那個孩子的語言發展的確比較落後一點。我先詢問家中大概的語言環境狀況，因為疫情父親居家辦公，所以在家的時間大多在工作；母親要照顧老二，還要忙家務，因此也無暇注意老大的語言發展。其實這也是一般家庭的常態。

因為新冠疫情讓這樣的狀況激增。根據調查，2022年美國新確診有語言障礙的十二歲以下兒童人數增加了110%。其

中受到影響最大的是〇～二歲的幼兒，與新冠疫期大流行之前相比，增加了136%；三～五歲的兒童則增加了107%。在韓國也是相同的狀況。

根據大韓幼兒青少年精神醫學會的調查結果顯示，已經上托兒所或幼兒園的〇～五歲的嬰幼兒中，有33%在語言發展方面需要專家協助；而未上幼兒園，平日在家庭中活動的嬰幼兒，則是平均每三人當中，就有一人出現語言發展遲緩的狀況。根據美國一項研究結果顯示，在疫情最嚴重那段期間出生的孩子，即使父母並未確診過新冠肺炎，孩子的大肌肉和小肌肉、社會性發育程度的分數較低。同時在疫情大流行期間出生孩子的平均智商，也就是語言及認知發展能力，都是十年以來最低的。

孩子藉由觀察對方的嘴型和表情來意識聲音，並進行處理，但口罩卻遮住了這些線索。同時，往常在較吵嘈的幼兒園或其他場合，會迫使人集中傾聽對方的聲音，但是口罩卻降低了音量和音質，起不了作用。最關鍵的是在大流行期間，大部分時間都在家裡度過。孩子在三歲前，主要以愛與溝通為基礎發展，只要與父母充分進行良好的互動，就足以刺激孩子健康的發展。研究顯示，三歲兒童使用的詞彙中，有86%～98%是來自於父母使用過的詞彙，可見嬰幼兒的語言發育受到父母刺激的影響最大。

但問題是，由於疫情大流行，父母和孩子大多數的時間都只能待在家裡。這不是一般的環境，父母因持續育兒和生活的不均衡，壓力指數很高，因此許多父母開始讓孩子觀看影片來打發時間。以前有托兒所或祖父母可以分擔育兒的壓力，就算是自己帶孩子去遊樂場，也可以在那裡遇到其他家長，一起聊天分享育兒的苦惱。但在疫情期間，育兒的所有負擔和責任都落到父母身上，父母的不安和焦慮會原封不動地傳達給孩子，對孩子的發展產生負面影響。

那麼後來會怎麼樣呢？孩子的語言發育遲緩，這時父母才開始擔心。但仔細想想似乎又還不到必須帶去醫院檢查、接受治療的程度，因此轉而尋求諮詢協助。經診斷確定為語言發展遲緩的孩子，有專業的支援和治療，但有些狀況卻又似乎沒那麼嚴重的孩子，只有父母才能幫助他們。只是，如果不是專家，很難理解並支援孩子的發展。

孩子發展的第一步就是「語言」！

幸運的是孩子們具有復原力，可以靈活克服逆境或困難。不管在什麼樣的環境中，孩子都有驚人的適應力和成長能力，因此，家長毋需自責無法提供孩子最好的環境，其實只要在日常生活中，把握與孩子溝通的機會就可以了。

美國很早就由聯邦政府為○～三歲幼兒開辦早期療育（Early Intervention）計畫。在一九九○年通過的「IDEA」（身心障礙者教育法案。Individuals with Disabilities Education Act），更是美國各州都有義務必須實行的法案，其理論基礎就在於，○～三歲正是左右孩子發展和學習能力的重要時期，因此希望能盡早提供孩子需要的介入性服務，以減少學齡期發展遲緩，減輕教育經費的支出。因此，○～三歲也是語言發展非常重要的階段。

嬰幼兒時期對語言特別敏感，豐富的語言經驗可以刺激大腦無數的突觸連結，反覆的刺激和經驗，可以讓突觸連結更牢固，而缺乏持續的經驗會削弱連結。這些過程，就是影響日後語言發展和學習能力的關鍵。

這個時候，也是與父母形成情感的重要時期，同時從父母身上習得最多。孩子與父母會形成穩定的依戀，同時學習以語言為基礎形成的社交信號，逐漸理解相互交流的概念。透過父母溫暖且一貫性的反應，孩子開始學習表達自己意向的方法。

但巧合的是，這也是父母最容易忽略的時期，常常會未深入理解孩子的發展，因而沒能得到及時需要的幫助而錯過。過去十年，我在美國紐約、西雅圖、德州等地，藉由〇～三歲早療、三～五歲學齡前教育服務中，遇見了包括韓國家庭在內的各種不同語言、文化、背景的孩子。在診斷、治療數百位孩子語言發展障礙，以及與父母進行諮商的過程中，我總是想，如果這些訊息能更早一步傳達給那些家長，是不是會有不一樣的結果？如果有更多的父母盡早知道這些簡單有效的方法，並與孩子一起實踐，那麼就能幫助孩子發揮更大的語言潛力。

基於希望父母在忙碌的日常生活中也能輕鬆取得專業知識和訊息的出發點，我開始分享關於嬰幼兒時期語言發展的各種資訊，透過社群網站告訴大家實用的語言刺激法，一段時間下來，陸續收到一些家長的回饋，紛紛表示帶給他們很大的幫助；在線上授課中參與的父母學員們也開心地表示，對於孩子語言發展的苦惱終於找到了解方！

「課程中分享了許多實際的例子，對我很有幫助。」、「聽完課之後立刻在生活中實行，很快就有效果，原本不會打招呼的孩子開始會與人互動了。」、「老師點出了平常容易被忽視的育兒基本道理。」、「現在我知道應該如何向孩子提問和反應了。」因為這些，所以我決定寫一本幫助父母找到適合自己孩子語言發展的書，毫無保留地分享包括最新育兒觀點在內的所有資訊。

爲什麼只有我覺得養小孩很難？

在美國我是個職業婦女，擁有兩個孩子，因此在孩子很小的時候就送去Daycare，也就是日間托育（以下簡稱日托）。親子能夠一起共度的時間只有週末、平日接孩子接回後從晚上到隔天早上再送到日托的時間。

和孩子在一起的時間有限，也不知道這樣會不會對孩子發育過程造成負面影響，我總是既擔心又對孩子感到抱歉，因此只要和孩子在一起時，就會努力進行許多豐富的互動。神奇的是，即便時間短暫，孩子也能瞬間吸收許多。我給予多少刺激，孩子就會做出多少反應，幾乎每個階段都如我所期的發展。就算白天都待在日托聽了一整天的英語，孩子先學會的卻是只有回家才會聽到的韓語。由此可知，具有情感紐帶關係的父母所給予的語言刺激，對孩子是多麼的強大和有效。

接著就遇到了新冠疫情大流行。雖然孩子一直順利成長，但身為職業婦女的媽媽依然覺得沒有足夠時間陪孩子而感到愧疚。因為疫情關係而被迫居家辦公，終於可以整天和孩子們在一起了。基於語言治療師的專業，我打定主意每天都要給孩子最好的刺激，但同時卻也帶來沉重的壓力。果不其然，沒多久我的身心開始感到疲憊不堪，看到孩子有一點小失誤就會爆氣，同時因為育兒和家事還有工作多頭燒，反而常常累得連跟孩子對話的力氣都沒有。這時我突然意識到，其實孩子並不需要過多的刺激。

在與家有嬰幼兒的家有制定語言刺激目標時，我也不會提出太多課題，「這個星期先試試這個就好。」如果一次要求達成兩個以上的課題，那麼即使家長有再多的熱忱也會因疲累而難以實行。我自己在育兒過程中深有同感，對父母來說，育兒這件事本身就是很沉重的任務。因此只要在餵食、幫孩子洗澡、哄睡的時候，能夠專心與孩子溝通其實就夠了，那樣孩子就足以好好地成長發育。

孩子需要的不是二十四小時都喋喋不休的父母，而是即使時間短暫，也能理解孩子的感受，真心溝通的父母。因此為人父母需要的是能與孩子進行流暢互動和豐富對話的溝通方法。在最能有效提高孩子語言潛力的時期，即便每天只有一分鐘，也能帶來豐富的語言刺激。

本書是以眾多學術論文資料和臨床經驗為基礎寫成，主要是想讓家有〇～五歲嬰幼兒的父母知道，你們絕對有能力提供給孩子豐富的語言刺激，再怎麼能力強的專家都無法取代父母的角色。希望透過這本書，讓父母知道自己有哪些是做得很好的部分，建立自信，同時能更深入理解孩子的語言發展，創造打開與孩子溝通之門的契機。

那麼現在就正式展開喚醒孩子語言潛力的課程吧。

黃眞悧

目錄

一天一句，
對話的力量

語言的質勝於量

「父母要多對孩子說話，越多越好。」

「如果父母不愛講話，孩子的語言發展就會變遲緩。」

「父母聰明，小孩也會聰明。」

這些話應該多少都聽過吧。父母說話的習慣的確會影響孩子的語言發育，這在許多研究中都得到了證實。但是，一味盲目地對孩子多說話，並不一定就能得到正面效果。很多家長會自責是不是自己說得少，導致小孩很晚才會說話，或說得不好，這其實是錯誤的觀念。隨著網路科技發達，各種氾濫的育兒資訊讓家長們奉為圭臬，認為必須改掉自己做錯的部分才能好好地撫養孩子，卻在無形中造成壓力。

溝通、語言發展，其實都是相互的。研究發現，口語表達能力比較好的孩子，相對來說會對父母有較積極的「反應」。也就是說，表達較積極的孩子可以很自然地與人互動；而沉默寡言的孩子，即使父母常對他說話，孩子對這樣的刺激比較無感，當然也就不會有太積極的反應。但若因此認為既然孩子不善口語表達，那就跟孩子說更多話，這也不是解法，因為很難形成相互作用。這時要做的是先了解孩子的發展狀況，即使孩子表達不清楚也要用心傾聽，才能發現孩子需要什麼樣的刺激。

什麼是語言刺激？

很多人對「語言刺激」這個詞感到陌生。也有人質疑，我們小時候哪來什麼語言刺激，不也好好地長大，現在也可以跟任何人溝通啊！有必要那麼早就擔心嗎？沒錯，即使不給予特別的語言刺激，孩子也能在大人打造的環境中依照各自的語言能力成長。既然如此，為什麼還要強調為孩子提供更豐富、更適當的語言刺激很重要呢？

第一，語言是孩子溝通的原動力。換句話說，語言刺激就是與孩子「溝通」，是打開親子溝通的大門。這也代表可以更深入地與孩子分享心情和想法，幫助孩子學習對父母表達想法。同時，父母給予孩子的反應越多、對話越豐富，就能分享更多的愛和智慧。也就是說，語言刺激是幫助孩子在成長過程中接觸到更廣闊的世界，與更多人進行有效溝通、建立關係的珍貴工具。

第二，語言是孩子逐步成長的原動力。口語表達能力就像一座石塔，是經由不斷累積、層層疊疊蓋起來的。剛出生的嬰兒不可能馬上起身用雙腳走路。得先學習擺動手臂和雙腿，然後學會抬頭、學會用手臂撐起上身，接著學習坐、爬，這些過程至少要經過一年的循序漸進。口語能力也一樣，在孩子能夠說出有意義的第一個單詞之前，也差不多要經過一年累積無數「聽」的經驗，在大腦整理後，再從咿呀學語到真正說出有意義字句的系統化過程。

在咿呀學語時期，若能扎實地培養辨別多種聲音的能力，就能有效提高未來學習詞彙、掌握用語的能力。例如，當可以區分「肚子」和「褲子」的讀音差異的同時，也能順勢了解意義；當可以分辨「爸爸給」和「給爸爸」的讀音差異時，才能理解正確的脈絡。許多研究證明，嬰幼兒期詞彙的量和多樣性、理解力與口語能力，都與今後孩子進入學齡期的語言能力、閱讀理解力、學業成就等呈現正相關。

第三，語言是學習的原動力，孩子是透過語言來學習世界的。在開口說話之前，孩子會透過哭，發出咿呀咿呀的聲音、手勢、動作等向父母表達意思，然後慢慢學會用語言代替行動或情緒表達。孩子的語言學習同時也伴隨著社交情緒發展，在這過程中透過理解父母傳達的訊息學習到調節情緒的方法，並記住和使用來自父母的表達方式，逐步建立情緒、認知和社會性。因此，**語言能力強的孩子，情緒自我調節能力也相對比較高。同時，在幼兒園或學校中遵守秩序、與同儕建立關係方面，語言也扮演很重要的角色。**

嬰幼兒時期累積的語言基礎，可以幫助孩子在學校吸收更多。孩子必須先具備聽、說的能力後，才能開始讀寫文章。而且閱讀、寫作、口語和聽力，是孩子在學習過程中最有力的核心工具。就算是小學一年級的數學題，也需要閱讀和理解才能找對方法解題，所有科目都一樣，必須理解語言才能學習。因此，扎實的語言基礎對各種領域的學習都會帶來正面影響。

只要稍微改變一下，
就能提高效果的優質語言刺激

優質的語言刺激並非只是使用高難度的詞彙或多樣性表達。當然，隨著發展時期的不同，也會有需要高難度、多樣性詞彙和表達的時候。但是縱觀嬰幼兒時期，對孩子語言發展影響最大的優質語言刺激主要在於相互作用。相互作用是指對彼此的想法、意圖和表現給予積極反應。為此，必須要有充分的觀察和等待，也就是**平常要留心觀察孩子對什麼感興趣、這個時期對孩子最有意義的是什麼、孩子有什麼行動、如何表達自己的心情和意志，再等待適當時機給孩子需要和有效的語言刺激。**

依照發展來看，週歲以前的孩子會聆聽各種聲音並進行區分，同時熟悉字詞中聲音的模式。即使在這個階段還不清楚正確的發音或完全理解意思，但可以透過音位、音韻等差異來學習字詞的種類和意義，因此若能經常對孩子說話會很有幫助。十八個月的孩子開始會用一個單詞或組合來表達，並會從日常生活中學習反覆說出有意義的詞語，因此這個階段可以讓孩子更準確地理解單詞的意義，尤其是生活中反覆出現的詞彙量會帶來很大的作用。

二十四個月大的孩子已經可以用兩三個單詞組合表達，並逐漸形成短句的形態。因此，**在這個時期，比起大量的單詞，讓孩子多聽一些具有不同語序形態的短句表達會有很大的幫助。到了三十個月，孩子的認知和思維擴大，可以理解詞彙的多樣化和精巧的意義差異。**因此，在這個時期，可以說一些水準較高、多樣化的詞彙，可以幫助語言發展和認知擴張。隨著逐漸來到學齡期，父母講述的故事或說明會讓孩子的語言能力更豐富。

父母想讓孩子了解各種表達方式，因此會讓孩子看著自己如何與他人對話，但這樣並不是與孩子直接相互作用，還是會有差異。因為**在與孩子直接對話時，父母的語氣、聲音、語調、詞彙、主題才能觸及孩子的視線，這才是高效的語言刺激。孩子從父母與他人對話中聽到再多的單詞，都比不上親子直接對話所自然形成的連結來得重要。**

大量的語言刺激可以讓孩子學習多樣化的表現方式、增加詞彙量，但也會在無意中過於集中於父母的語言。也就是說，不管內容是什麼，只顧著多說話，最後很容易演變成只有父母單方面的說而已。最重要的是要知道在什麼時候，給予什麼樣的刺激，而這一點就必須透過對孩子的「關心」和「觀察」來發掘。若能適時與孩子進行相互作用，自然而然就能傳達給孩子必要的詞彙、表達、故事和說明。

讓孩子來告訴你，他需要什麼樣的語言刺激

語言刺激不需要特別撥出時間來做。在語言治療中心時，我曾遇到一個即將上小學的孩子，每週來一次，媽媽總會陪同。但每次上課總說太忙而忘了上一堂課交代的作業。有一天，這位媽媽問：「我的小孩似乎進步得不夠快，是不是應該增加上課的次數？」

我向這位媽媽強調在家中語言刺激的重要性，這比來上再多的課都還有效果，沒有必要另外特別騰出時間專程給孩子語言刺激。於是這位媽媽接受我的建議，確實檢視並運用與孩子在日常生活中常用的要素對話，得到了很好的成果。**孩子最需要的並不是語言專家不斷地給予，而是在日常生活中每天都用得到的話語，而那只有父母才能提供。**

不管在課堂上說再多的「打開○○」，若父母沒有在日常生活的相應背景下與孩子一起體驗，那就一點用處也沒有。語言發展並不一定需要特定的教具、有名的書籍或去上昂貴的補習班或課程。嬰幼兒時期是在最熟悉、可預測的情況下，最能深入理解和掌握語言的時期。因此，只要每天和父母一起度過有意義的時光，就能讓孩子充分體驗必要的語言刺激。

看看孩子的指尖！

託網路社群平臺的福，無論是美國或韓國，都可說是育兒資訊氾濫，隨手就能看到許多為人父母會感到好奇和興趣的內容。就算沒有時間讀完一本書，也有人會簡短整理出簡要的內容分享，感覺似乎比我還了解我的孩子。也許正因為如此，現代父母在兒童教育和發展的知識水準都比以前高出很多。在龐雜的育兒訊息中，最重要的是必須保有自己堅定一致的價值觀。透過各種媒體，可以獲得許多專家學者長時間累積並驗證過的經驗和教育方式，只要選擇適合自己孩子的教具、單位、服務即可。也就是說，父母有許多選擇能刺激孩子發展。

但孩子最需要的那把鑰匙，實際上掌握在他們自己手中。父母能協助的是認識孩子語言發展處於哪個階段，並能先一步引導孩子。在思考是否應該教導孩子高水準又流暢的表達方式之前，必須先傾聽孩子的聲音。當孩子用手指著某樣東西時，父母若能立即反應，語言刺激的效果會很好，很快就能看到孩子說出單詞。例如散步時，看到孩子手指著花，父母說：「花。」孩子很快就會試圖模仿發出「花」的聲音。而且，將單詞與孩子用手指的動作組合在一起表達，可以順勢讓孩子學習把相同脈絡的兩個單詞連接起來表達。原本只是用手指著花模仿父母說「花」的孩子，很快就會進一步用「那個，花」或「是花」來表達。

孩子會自然而然表現出準備好學習的意志，需要學習多少就會重複多少次動作或發音，這正是傳達給父母自己在發展過程中的需求，父母若能傾聽並適當回應，就能給予孩子最需要的語言刺激。

我的孩子能消化嗎？

並非所有孩子都會發出同樣的信號，這取決於孩子的氣質和個性，發送信號的方法、大小、內容也不盡相同。尿布溼了，有的孩子會用大哭或鬧脾氣來表達；有的孩子則會試圖自己把溼尿布脫掉，或是根本沒有任何不舒服的感覺。

有人會說，以前誰管小孩有什麼氣質還是個性，就算不了解還不都長大了？但換個角度想，**除了父母，又有誰會認真傾聽孩子的聲音呢？父母傾聽，給予適當的反應，可以幫助孩子培養自由表達想法的能力。**例如對溼尿布會感到不舒服的嬰兒來說，表達就很重要，若父母能夠即時回應，孩子可能就會比其他同齡孩子更快學習到「尿布」這個詞。

親子互動中最重要的就是讓孩子主導。嬰幼兒時期的孩子以自我為中心，比起大人引導，不如先觀察孩子對什麼東西感興趣，父母再加入，這樣交流時會更有效果。給孩子的不是父母想教的、自認孩子需要的，或其他同齡孩子都在做的事。比起顏色、形狀、數字、字母等概念，孩子在生活中會親身接觸和體驗的實用性詞語，才是更應該優先學習的。

具備「如何才能幫助孩子充分表達自己的想法和意圖」這

種想法非常重要。現在孩子的表達，也就是他們理解並使用的詞彙、文句的結構、感興趣的事物、經歷過或正在經歷的情況……這一切都需要父母傾聽和觀察。

例如透過詢問孩子：「要不要給你葡萄？」可以從孩子的反應觀察到對「葡萄」這個詞還很陌生。如果發現比起扮家家酒，孩子更喜歡玩積木，那麼利用積木相關的主題與孩子對話就會更有效果。另外與孩子一起看書時，觀察到在說完故事後孩子的反應，比不上插畫的吸引力時，就可以用簡單的句子描述插畫，吸引孩子積極參與。透過觀察孩子主導的信號，就能輕鬆了解孩子目前能夠消化的語言刺激有多大。

父母如果不專注於自己孩子的發展，一味急著讓孩子跟上其他同齡孩子的腳步，這樣反而會錯失孩子的成長。孩子的發展並不是衡量父母能力的工具或標準，不要認為「因為我這樣做，所以孩子才變成那樣」。在孩子的成長道路上，父母只要在一旁守護、支持孩子前進就足夠了。拋開「因為我以前不知道、沒做到，所以孩子才會發展遲緩」的想法，不要只看孩子是否達到父母的期待或同齡孩子的水準來評斷成功和失敗，專注在自己的孩子身上，享受當下，只要孩子向前邁出一步，都值得欣喜。

順應發展階段對話的重要性

前來語言發展中心諮詢的父母們都有著同樣的苦惱，但根據每個孩子的語言發展過程，結果卻是完全不同。兩個十八個月大的孩子，說話都還不順暢。一個可以理解多種文句，會咿咿呀呀模仿，用各種手勢表現想與外界交流的意志；另一個理解力較低，不太會咿呀學語，手勢動作也不豐富。針對這兩個孩子的語言刺激目標和方向必然不同。**父母必須了解嬰幼兒時期語言發展的整體趨勢，才不至於單純只與周遭同齡孩子比較，而誤判了自己孩子的發展。同時，也才能了解自己孩子是否需要專業介入協助。**

語言大致分為兩大類，一是直接表達從話語或文字中認知的「接受性語言」，另一個是主動表現想法和意圖的「表達性語言」。此外，孩子的「遊戲發展」也是影響語言發展的重要因素之一。

孩子在表現出來之前會先理解

比起孩子能表現的語言水準，通常孩子能理解的水準更高，因為接受性語言是孩子在表現之前必然會先發展的能力。孩子在自發性表達一個單詞之前，必定是聽了數十次、數百次後理解的經驗。因此，刺激和誘導孩子表達語言固然重要，但也同時也要觀察孩子在接受性語言的發展。

孩子在出生後到一歲之間，主要透過日常生活理解語言。就如同到一個陌生的國家，完全不懂當地語言，新生兒也是在完全不會語言的情況下來到這個世界，才慢慢開始學習，透過父母的表情、語氣、聲音、手勢、動作等各種線索來推測語言的意思。在這段期間，最有力的線索就是日常生活中反覆使用的表達性語言。到了哺乳時間，媽媽會說「喝ㄋㄟㄋㄟ」；洗澡時間爸爸就說「來洗澎澎」，這些聲音是每天的固定日常，孩子會在這些聲音中分類，尋找對自己有意義的表達。因此，這個時期在日常生活中不斷反覆表達，並伴隨多種非語言的線索，對孩子的語言發展就會產生一定的效果。

漸漸地，即使是非日常的詞語，脫離固定模式或線索，孩子也能慢慢理解。一到二歲的孩子會開始分辨更多樣的事物和人，會用「請給我〇〇」、「〇〇在哪裡？」等表達方式，指出或找到目標。隨著對詞彙熟悉度越來越高，即使只有少量線索甚至沒有線索，仍然有能力理解。

二歲之後，沒有線索也能理解的東西就更多了。隨著行動力增加，與動作有關的詞彙能力也會進一步提高。經過單純的吃、睡、喝時期，進入走路、跑步、進去、出來、打開、放下、拿走等，想做的事越來越多，相對應的語言理解力也自然會提高。

另外，隨著行動更自如，活動範圍擴大，逐漸理解「上」、「下」、「旁邊」等與位置相關的詞彙。這個時期的思維已經脫離以自我為中心，開始理解其他人，互動也更圓融，可以回答對方提出的簡單問題，理解「在哪裡？」「這是什麼？」「這是誰？」等疑問詞，可以從熟悉的情況中用一兩個單詞回答。在這個時期，也開始理解某些事物的順序，自我調節能力也逐漸增強。可以用「先洗手再吃飯」、「穿襪子穿鞋」、「穿上外套再出去」等引導孩子要先做某件事，然後再進行下一步，對增進孩子的理解力有很大的幫助。

三歲以後，孩子可以理解更長、更複雜的句子，認知能力也會成長。會開始理解數量的概念。例如「你有兩個耶，一個給朋友好嗎？」或「○○全部拿走。」對於各種與位置有關的詞彙也能意會，像「球在沙發底下」、「把杯子放在架子上」、「把媽媽皮包旁的手機拿給我好嗎」這些話都能做出適當的回應。另外，對事物的功能、為達某種目的的過程和理由、原因和結果的理解能力也會提高。例如「做～和～」、「如果～就會變成～」、「因為～所以～」、「用～做～」等。對於表現形態的各種形容詞和情緒，以及相反概念的理解力也會增加，可以說是大幅擴張思考力的時期。

四大基礎要穩固，語言才能暢通

表達性語言顧名思義就是指孩子透過語言、視線、手勢、發出咿呀的聲音等各種語言及非語言溝通，來表達自己想法和意圖的能力。在孩子週歲左右到第一次說出有意義的聲音之前，必須經歷一些階段，這個時期稱為「前語言期」，如果不能在這段時期的各個階段打好基礎，那麼緊接著那些重要的發展要素也會不穩固。

語言發展最基礎的第一個要素是「共同注意力」（joint attention），是指孩子在與互動對象進行互動時，能夠關注同一件事並分享的能力。通常在孩子6～9個月時開始發展，起初從與父母對視、互動開始，視線會跟著對方移動，有時候會交替看著對方和物品。

9～18個月時，孩子會將注意力轉移到對方所指的事物上，也會親自展示事物或用手指來吸引對方的注意。**透過共同注意力，孩子可以配合對方的語言和事物，掌握新的詞彙，這與後來的語言能力息息相關，是非常重要的過程。**

第二，在第一次說出有意義的話之前，首要具備的是「模仿」。孩子在主動進行口語表達前，要先具有模仿對方表現方式的能力。透過模仿，可以練習滿足需求的行動和聲音。經過多次練習後，就可以使用對自己有意義的話語來滿足需求。

第三是「牙牙學語」。孩子要想發出多種聲音，就必須聆聽各種聲音。經常對孩子說話是幫助孩子在牙牙學語期發展的方法。

最後，「手勢」也是語言發展的重要基礎和指標。如果是還不能說出有意義話語的孩子，就要先觀察以上四點，打好基礎。

週歲左右的孩子會產出第一個單詞。他會以自己經常聽到的聲音、對自己有意義的單詞、透過各種經驗確認過的表達為中心，擴張詞彙。如此累積到大約五十個以上的詞彙（差不多在 18～24 個月大時），孩子就會逐漸將單詞和單詞組合起來，開始連接意義。一開始是兩個單詞，如果詞彙量持續增加，就會出現三個單詞的組合，並開始添加多種用法形態。二歲半～七歲這段時期，句子和文章的結構會持續發展，但這絕對不是一朝一夕就能形成，必須經過很多錯誤和一般化的過程，一步步累積起來。

象徵性遊戲是語言發展的關鍵

身為語言發展專家，在觀察孩子的語言發展狀況時，我一定會同時關注的就是象徵性遊戲的發展。因為語言和象徵性遊戲都具備了「象徵」這個共同點。

象徵性遊戲又叫假裝遊戲，是指將物件、行動或事件象徵化後進行遊戲，也就是一種模仿。例如把香蕉貼在耳朵上，發出「喂」的聲音，就是把香蕉象徵為手機；或是抱著洋娃娃像在照顧的樣子，就象徵媽媽與孩子。象徵性遊戲也包括扮演虛擬、想像角色的情境遊戲。

語言是為了表達某種意義，也就是以「象徵性」為基礎的溝通工具。象徵性遊戲同樣也是以象徵實際事物或狀況的遊戲作為基礎，因此，**孩子在進行象徵性遊戲時會顯露許多關於現在和未來語言能力的訊息，可以說象徵性遊戲模式和語言能力是相對應的。**例如，孩子們在產出第一個有意義的聲音時，伴隨著假裝吃、假裝打電話的象徵性遊戲。當他把聲音組合成單詞時，就是開始將語言和象徵性遊戲連結起來。在語法形態出現的時期，會進行更具邏輯的象徵性遊戲。

接下來在第二部，我會將孩子的成長時間以月計，整理出象徵性遊戲的發展過程，藉此可以讓父母更準確掌握孩子目前發展的階段。若能了解孩子經常出現的象徵性遊戲行為，就可以更輕鬆建立適合孩子語言發展的遊戲環境。

我的孩子
是否正在好好地成長？

孩子的語言發展走了幾步？

在這個章節後面，我會以月為單位，將3～60個月孩子的語言發展分為五個步驟，家長可以用每一步的發展內容，來觀察對照孩子如何理解語言（接受性語言）、如何表現（表達性語言），以及如何構成遊戲。**雖然是以孩子的月齡區分，不過我要強調這只是參考的指標，方便讓家長確認自己孩子發展狀況的起點，最重要的還是要以孩子目前、當下所在的位置為中心。**

當然，每位家長都希望自己的孩子不要落後同齡層，甚至如果可以超越最好。但適當的語言刺激應該是符合孩子現在發展狀況而給予的刺激。**如果孩子的發展較同齡快，也不需要刻意減少語言刺激，可以繼續給予合適的語言刺激，幫助孩子從現在的位置穩穩地朝下個階段邁進。**相反地，**如果觀**

察到孩子的發展稍微落後，比起讓孩子趕緊追上符合同齡的技能，不如把焦點放在孩子現在的發展狀況，再朝下一階段的技能前進，這樣才能更快看到實際的效果。

為何我會一再強調充分了解孩子目前語言發展的階段很重要，主要理由如下：第一，可以和孩子共享成長的喜悅。孩子成長過程中，或許速度和過程有個別差異，但沒有無法長大的孩子。在孩子向前邁出成長步伐的同時，如果父母能夠理解並陪伴在身邊，那麼成長的效果就會加倍，孩子會得到力量：「原來我做的很好呢！」「我要再繼續努力！」若遇到「這個有點困難」、「一個人無法完成」的狀況時，有父母在旁邊輔助，也會成為孩子語言發展的最佳助力。

第二，可以給孩子最合適、最有效的語言刺激。如果不先了解孩子的現況，那就像亂投藥一般，給的刺激太簡單，孩子很快就會感到無聊，也無法發揮潛在能力；給的刺激太難，則讓孩子失去自信，不敢嘗試表達和溝通。只有明確掌握孩子現在的發展，才能知道下一步應該怎麼走，也才能給予孩子需要的語言刺激。

舉例來說，當孩子還處於用單一個字表達的階段，因為想喝水，所以拉著大人說：「水……」這時媽媽如果趁機教孩子：「來，跟媽媽說，『媽媽，我想喝水。』」孩子一定不可能學會。就算一個字一個字教，下次想喝水時他還是無法完整說出來。而且這樣的做法無法讓孩子掌握所有單字的含義，因為並不是自發性的表達。因此，父母必須先了解孩子現在的語言發展狀況，知道下一步該往哪裡走，才能帶給孩子更有效的刺激。

以下所列依照月齡劃分的語言發展內容，是以相關研究和論文為基礎，再加上我的臨床經驗總結之後的內容。各位可以先找到符合孩子的年紀，邊確認內容邊打勾。如果有很多項確認做到，就前往下一個月齡段；如果打勾的部分並不多，就往上一個月齡進行確認，看看孩子處於哪個階段。打勾最多的地方，就是孩子目前的語言發展階段。

第一步，
還不會說話（3～12個月）

3～6個月

★接受性語言

- □ 會把頭轉向發出聲音的方向。
- □ 互動對象說話時會聆聽，也會盯著看。
- □ 聽到熟悉或溫柔的聲音時會停止哭泣。

★表達性語言

- □ 從喉嚨後方發出像「ㄎ」、「ㄍ」之類的聲音。
- □ 聽到互動對象的聲音或與微笑的表情視線接觸時，會產生反應。
- □ 微笑。
- □ 發出聲音大笑。
- □ 會伸出舌頭發出「ㄉㄨㄟ ㄉㄨㄟ」的聲音，或模仿伸舌頭、互動對象的表情等。
- □ 開始會發出像「ㄇㄚ」、「ㄅㄚ」等短促、單音節的音。

★遊戲

- □ 對歌聲、有趣的聲音會注視或微笑。
- □ 長時間注視特定物件或臉孔。
- □ 會朝著某個物件伸手想抓。
- □ 不管玩具或物品如何使用，逕自進行探索。

7～9個月

★接受性語言

- □ 當父母看著眼前的東西時會跟著看。
- □ 聽到熟悉事物或人的名稱，就會盯著看。
- □ 聽到有人叫喚名字或小名，會產生反應。
- □ 聽到「不可以」時，會暫停動作並盯著看。
- □ 對歌曲旋律會很感興趣地聆聽。

★表達性語言

- □ 開始發出像「ㄅㄅㄅ」、「ㄇㄚㄇㄚㄇㄚ」等反覆音節的聲音。
- □ 會發出一個以上的輔音，如「ㄅ」、「ㄇ」的聲音。

- ☐ 會關注並模仿聲音的語調、大小、快慢的變化。
- ☐ 會用手勢和聲音反映情緒，心情不好就哭、搖頭；心情好會發出咿呀聲、揮手。
- ☐ 視線會輪流看著人與物件。
- ☐ 開始牙牙學語，想引起別人的注意。

★遊戲

- ☐ 主要用嘴接觸或用手拍打、敲打的動作來進行對物件的探索。
- ☐ 反覆看著搖晃就會發出聲音的手搖鈴，觀察自己的行動、模仿、再行動。
- ☐ 玩玩具時會同時發出各種聲音。
- ☐ 可以找到部分被遮蓋的物件。

10～12個月

★接受性語言

- ☐ 會遵循像「過來」、「坐下」等簡單指示。
- ☐ 會依指示做出簡單的手勢、動作，如「親親」、「萬歲」

（雙手高舉）、「掰掰」等。

- □ 對日常生活中固定重複的吃飯、洗澡時間開始有概念。
- □ 對書中出現熟悉事物的圖片會指出並盯著看。
- □ 對看得到的物件，或對「○○在哪裡」、「把○○拿來」等指示有反應。

★表達性語言

- □ 可以把一連串不同音節連起來，如「ㄉㄚㄉㄚㄍㄚㄍㄚ」。
- □ 會發出與大人的語調和韻律相似的聲音。
- □ 開始說出有意義的單詞如「媽媽」、「爸爸」、「嘴嘴」。
- □ 將熟悉物件的名稱以簡單化的聲音表現，如奶嘴叫「嘴嘴」。
- □ 經常模仿特定的人、事物、行動，用一貫的表達方式說話。
- □ 開始會使用代表「請給我」、「鼓掌」、「鞠躬」的手勢、動作。

★遊戲

- □ 看到互動對象所展現的遊戲動作，如果感興趣會模仿。
- □ 會沉浸在與養育者的互動中，並表現出想一再重複的欲望。
- □ 主動去拉互動對象的手，或拉被子遮臉等類似捉迷藏的遊戲。
- □ 用更多種方式如拉、轉、推、按等動作來探索玩具。
- □ 透過反覆嘗試錯誤來掌握玩具的操作方法。

第二步，能產出有意義的單詞（13～18個月）

★接受性語言

- □ 可以理解五十個以上的單字。
- □ 會遵循階段性的指示，如「把○○拿過來」、「把○○給我」、「抱一抱洋娃娃」、「把門關起來」。
- □ 可以指出並說出某些身體部位或器官。
- □ 看到熟悉的人、物件、圖畫等可以指出並說出。

- ☐「給你好不好？」「要不要吃？」「你想不想要？」對於這類選擇性提問會用點頭搖頭或單字來回答。

★表達性語言

- ☐ 13個月大約可以使用1～6個單詞，18個月可使用10～50個單詞。
- ☐ 可以模仿說出單一詞彙。
- ☐ 有時還是會發出無意義聽不懂的聲音，但有時也可以說出能聽得懂的詞彙。
- ☐ 會用更多樣的手勢、身體動作來表達意思。
- ☐ 會用手指想要的東西、想去的地方。
- ☐ 模仿擬聲詞、擬態詞，或自己講話。
- ☐ 使用手勢、動作、單詞作爲吸引注意、回答、問候、拒絕的表達。

★遊戲

- ☐ 會在玩具車裡放玩偶、把物件放進桶子裡再拿出來、把湯匙放進碗裡攪拌等，理解不同玩具物品之間的關係。
- ☐ 對熟悉的物件開始會按照其原本功能使用，例如推吸塵器、疊積木、拿筆在紙上畫畫等。

- ☐ 遊戲用的餐具和食物會正確使用。
- ☐ 會假裝做出像吃飯、睡覺、洗澡、打電話等日常生活中的固定模式。
- ☐ 會梳頭髮、拿杯子喝水。

第三步，可以組合詞彙（19～24個月）

★接受性語言

- ☐ 能理解大約150~500個單詞。
- ☐ 動詞詞彙的理解度增加。
- ☐ 大人不用手指著目標也可以聽從指示。
- ☐ 能理解像「○○在哪裡？」「這是什麼？」「這是誰？」等熟悉脈絡中的簡單問題。
- ☐ 可以理解「裡」、「外」等位置的詞彙。

★表達性語言

- □ 24個月左右會使用大約50～300個詞彙。
- □ 用語言表達比用手勢多。
- □ 開始組合兩個以上的單詞。
- □ 說話時多以「現在」、「這裡」發生的事爲主。
- □ 可以說出自己的名字。
- □ 會問「這是什麼？」「在哪裡？」等簡單的問題。
- □ 這個時期說的話約有25%左右是可以被理解的。

★遊戲

- □ 會在遊戲中假裝做菜、打掃等家庭日常熟悉的行爲。
- □ 會對自己以外的特定對象進行遊戲行爲，例如假裝餵洋娃娃、媽媽、爸爸吃飯。
- □ 會進行有連續性的遊戲，例如把洋娃娃放進浴缸、塗肥皂、拿出來晾乾。
- □ 即使旁邊有同齡的孩子，但大部分還是自己玩自己的。

第四步，
會使用短句子（25～36個月）

25～30個月

★接受性語言

- ☐ 會遵循同一個句子的兩種指示，例如「去房間拿書」。
- ☐ 可以理解「一個」、「全部」、「所有」等概念。
- ☐ 能理解「上」、「下」、「旁邊」等多樣化的位置詞彙。
- ☐ 能理解問題，用「對」、「不對」、「好」、「不好」回答。
- ☐ 較能專注地聆聽簡短的故事。

★表達性語言

- ☐ 30個月的孩子可以使用大約100～450個單詞。
- ☐ 可以將2～3個以上的單詞組合在一起使用。
- ☐ 開始會在主詞後加上助詞，例用我「也」、我「和」、我「的」。
- ☐ 會使用「我的」、「你的」、「媽媽的」這類所有格的用法。
- ☐ 會使用「不行」、「不好」、「不要」等否定詞。

□ 這個時期說的話已經有50%左右可以被理解。

★遊戲

□ 常玩的遊戲每次都會有不同的情境，例如扮家家酒，昨天是假裝在超市買東西，今天則是以醫院爲背景，或假裝舉行慶生會等。

□ 會使用道具作爲特定物件的象徵，例如用棒子當作湯匙、拿面紙當作被子。

□ 會操作玩偶做出各種動作。

□ 會把遊戲所需的物品收集起來，比如舉辦慶生會要準備蛋糕和玩偶。

□ 在同齡的孩子旁邊玩時，會不時觀察別人在玩什麼。

31～36個月

★接受性語言

□ 理解並能遵循「吃完零食去把手洗一洗，然後我們再去散步」這類多階段的指示。

□ 能理解「熱／冷」、「大／小」等形容詞的反義概念。

- ☐ 可以理解並回答使用「誰」、「爲什麼」、「怎麼做」、「有多少」等多樣化的問題。
- ☐ 能理解並正確說出物件的功能，例如被問「要用什麼吃」會回答「叉子」。
- ☐ 幾乎可以完全理解父母所說的話。

★表達性語言

- ☐ 36個月大約可以使用250～1000個單詞。
- ☐ 可以用「我做了～」來描述過去的事。
- ☐ 會用「我在做～」說明現在的狀況。
- ☐ 會用「我要～」、「我會～」描述不久的將來。
- ☐ 使用「哪裡」、「誰」、「爲什麼」來提出各種問題。
- ☐ 可以使用更多的助詞。
- ☐ 可以與大人對話。
- ☐ 這個時期說的話約有75%左右可以被理解。

★遊戲

- ☐ 開始會在遊戲中扮演見過卻未眞正體驗過的角色和故事，例如消防員、警察。

- ☐ 會把經歷過的狀況帶入遊戲中，但會做一些改變。
- ☐ 會跟玩偶說話，例如「兔兔，肚子餓嗎？給你吃紅蘿蔔。」
- ☐ 與玩伴進行角色扮演，例如醫生和患者、媽媽和小孩。
- ☐ 遊戲會按照時間順序（煮菜、吃飯、洗碗打掃）進行。
- ☐ 在同齡孩子旁邊玩同樣遊戲，但不一定會一起玩。

第五步，可以用較長的句子對話（37～60個月）

37～48個月

★接受性語言

- ☐ 在不同的空間呼叫也會回應。
- ☐ 可以理解並回答包含了「誰」、「爲什麼」、「怎麼做」的各種問題。
- ☐ 可以說出喜歡或經常見到的顏色。
- ☐ 可以說出圓圈、三角形等形狀。

□ 可以理解水果、蔬菜、動物等類別，若問「想吃什麼水果？」可以明確回答。

□ 對「阿姨」、「叔叔」、「姊姊」等有關家人、親戚的稱呼理解範圍擴大。

★表達性語言

□ 可使用4個以上的單詞組合句子。

□ 會用「我在～」說明現在的進行情況。

□ 經常發生語序或用法的錯誤。

□ 理解「從～」、「用～」、「對～」的用法。

□ 會使用「我」、「你」、「我們」等代名詞。

□ 會用「什麼時候」、「怎麼做」來進行提問。

□ 大約可以用四個句子來說明一天中發生的事。

□ 這個時期說的話已經幾乎可能完全被理解。

★遊戲

□ 會在遊戲中扮演見過卻未真正體驗過的角色和故事，例如消防員、警察。

□ 出現英雄、公主這類的想像角色。

- ☐ 不再對玩偶說話，而是會說：「我是警察，我來救小狗！」
- ☐ 使用語言和行動表現想像的東西。
- ☐ 開始有順序的概念，會等待或禮讓。
- ☐ 和同齡的孩子會一邊玩一邊對話。

49～60個月

★接受性語言

- ☐ 理解「先」、「下一個」、「最後」等順序的概念，例如可以理解「先在畫紙上寫名字，然後再畫畫」並按指示做。
- ☐ 理解「昨天」、「今天」、「早上」、「晚上」等時態，可以理解像「明天晚上吃烤肉」這樣的句子。
- ☐ 可以理解像「先換好睡衣、刷完牙之後，再挑一本故事書拿來」這樣長且較複雜的指示。
- ☐ 聽完故事後可以理解並回答有關故事的簡單問題。
- ☐ 能理解在家裡或託育機關內聽到的大部分對話。

★表達性語言

- □ 使用連接詞連接兩個句子。
- □ 常使用「○○說～」。
- □ 「因爲～所以～」、「如果～就會～」、「一邊～一邊～」這類的連接用語使用頻繁。
- □ 可以轉達簡短的故事內容。
- □ 可以持續進行同一個主題的對話。
- □ 會依照不同場合及對象調整語氣或用語。（例如對長輩用「您」）
- □ 不會再說出「在、在、在……包包裡」或「包包、包包、包包裡面有」這類重複第一個音或某個單詞的用法。
- □ 發音錯誤大量減少。

★遊戲

- □ 可以說出關於遊戲方法、角色分配，以及創造故事。
- □ 會用從未經歷過，單純存在想像中的故事來玩遊戲。例如吃了某種東西就會有魔法。
- □ 可以說出像慶生會要怎麼進行、房子失火了該怎麼做等有計畫性的內容。

- ☐ 會與同齡的孩子因同樣目的而一起玩。
- ☐ 這個時期比起自己玩，會更喜歡和同儕一起玩。
- ☐ 可以參與有規則的遊戲或簡單的益智遊戲。

每個孩子的接受性語言、表達性語言、遊戲發展狀況都必然有差異

每個孩子的語言發展都不一樣，即使表達性語言相似的兩個孩子，在理解語言的程度、遊戲的傾向也必然不同。

本書是以表達性語言為中心而寫，以孩子目前表達語言的程度為基準來介紹溝通的方法。如果孩子的接受性語言和表達性語言沒有太大差距，可以配合孩子的發展程度進行適度的語言刺激。如果孩子在接受性語言能力高於表達性語言，可以適時調整對話內容的程度。平時對孩子進行指示或提問、說明、講故事時，可以用符合孩子接受性語言發展狀況的方式進行，以孩子能理解的詞彙和方式說話。當要引導孩子說出自己的想法時，就要調整以孩子容易模仿的簡短句子為主，配合孩子的表達性語言程度。

如果孩子的接受性語言程度明顯較低，那麼就要優先加強孩子的理解能力，多進行互動溝通，以孩子的接受性語言程度為中心進行語言刺激。本書最後的附錄中，整理了一些嬰幼兒基本詞彙列表提供參考。

一般來說，接受性語言和表達性語言會均衡發展，或是接受性語言發展會比較快。但若這兩種語言發展的差距過大，或是發現孩子的整體語言發展程度落後實際月齡基準6個月以上，就要趕緊尋求專業機構及專家協助，進行更詳細的檢查。好的，確認了孩子現在的發展程度，接下來就來為孩子量身定做語言刺激吧！

每天1分鐘的日常語言刺激

語言刺激第一步

還不會說話的階段

用愛與孩子交流

進入孩子的視野「啦啦啦～鏘鏘！」

我在工作中常會遇到未滿三歲的孩子，所以經常是趴在地上工作。這是為了與孩子面對面，與他們進行眼神接觸。比起舒服地坐在椅子上，手裡搖晃著玩具，俯視孩子說：「○○，看這裡！」不如直接進入孩子的視野，看著孩子的眼睛跟他說話，這樣才能達到相互作用的效果。

尤其是孩子坐臥在地上玩玩具時，會自然而然盯著玩具或特定物件看。大人若也趴在地上或彎下身體，與孩子的視線齊平，互動的效果最好。或是一起坐在書桌前，**重點是要面對面，這樣孩子才能透過父母的表情和嘴型獲得語言上的線索，開啟學習溝通的大門。**

與世界的溝通從對視開始

新生兒來到這個世界與他人溝通的第一步就是對視。隨著視力發展逐漸完全，孩子固定視線看到的第一個焦點通常是父母的臉。原本大部分時間都閉眼睡覺或眼睛轉啊轉的孩子，某天視線突然定格在父母的臉上，那一瞬間想必是許多爸爸媽媽想永遠珍藏心中的一幕。看著孩子的眼睛，父母以溫柔的語氣和明朗的表情回應，口中發出「啦啦啦～鏘鏘！」的有趣聲音，會吸引孩子更專注地注視。

這個時候就已經有互動了。孩子聽到聲音，會更專注地觀察父母的臉和嘴型，父母繼續發出聲音回應，孩子會再度與父母對視，傳達出「再發出一次那個聲音」的意識溝通。在與孩子對視時，父母持續給予回應，這樣的相互作用累積起來，孩子的回應也會逐漸擴展到表情、手勢、動作、牙牙學語等，最後達到口語表達。

所以**當孩子看著父母的眼睛時，父母也應該予以回應。眼神對視和手勢、動作、口語表現都是重要的信號。**對父母的聲音有反應的新生兒，是帶著「這是第一次聽到的聲音」、「熟悉、溫暖的聲音」、「想再聽一次的聲音」這些意念而繼續維持視線。剛開始通常是與爸爸或媽媽一對一盯著看，時間久了，孩子會逐漸跟著父母的視線集中於第三對象，例如玩具。

孩子盯著玩具看，是因為知道爸爸媽媽也一起看著那個玩具，這就是認知能力。前面提到的共同注意力，可說是孩子在與互動對象進行互動時，能夠藉由關注同一件事並分享的能力連結語言，學習和掌握語言的有力工具。為了分享自己關注的目標，孩子會從固定一個焦點到輪流看著物品和父母，彷彿在傳達「你看那個東西」、「我想要那個」、「幫我拿」、「我想和媽媽一起玩」這些意念。

當與孩子對視時，父母反應的「態度」很重要。可以把孩子傳達出來的訊息用溫柔的語氣重複，或是發出有趣的聲音、表情，甚至唱歌也可以。目的只是要告訴孩子：「我現在也在專注地看著你。」

不過**這並不是說對視應該比溝通優先，也不要為了進行溝通而強迫孩子看著父母的眼睛。在美國進行語言治療時，強調對視的重要之際，也會說明這只是溝通的基礎目標之一。**「神經多樣性支持協會」（neurodiversity-affirming practice）就強調「神經多樣性」（neurodiversity），也就是腦神經差異引起的各種變異並非全都是疾病障礙。他們認為對視也是一種多樣性的展現。因為每個孩子的溝通方式存在著差異，因此應該考量到孩子是不是用對視來作為溝通的開始。

如果覺得與孩子對視並沒有什麼特別變化時，那就關注孩子目前感興趣的事物，自然地與孩子互動，引導孩子的眼睛看著爸爸媽媽。在與孩子對視的瞬間，用明朗的表情和積極回應加強眼神交流，延續更順暢的相互作用。

父母的表情傳達給孩子的訊息

孩子會透過父母的表情來學習如何應對新事物。孩子對父母的表情非常敏感，陰沉的表情會讓孩子感到混亂和不安；明亮的表情則會讓孩子產生積極的反應，更能穩定探索周圍環境。有個知名的實驗「視覺懸崖」（visual cliff），在平面蓋上透明玻璃製造如高低落差般的錯覺，然後由媽媽在另一邊呼喚小孩，觀察孩子的反應。如果媽媽以明朗的表情笑著呼喚孩子，孩子會橫越玻璃板朝媽媽前進；但如果媽媽面無表情或表現出生氣的樣子呼喚孩子，孩子就不會過去。**孩子會觀察父母的表情，獲得安全感和自信心，決定自己的行動。**

哈佛大學愛德華．特朗尼克（Edward Tronick）博士進行的「面無表情實驗」（Still Face Experiment）也證明了這一點。在這個實驗中，媽媽先以明朗的表情與孩子進行兩分鐘的互動，接著收起笑容，面無表情地面對孩子，過一會兒又再露出笑容正常與孩子互動。藉此觀察孩子的反應，發現孩子在剛開始時雖聽不懂媽媽說什麼，但看到媽媽會表現出各種反應，努力想得到媽媽的關注。當媽媽面無表情時，孩子則會展現出不安的樣子，對正在玩的玩具失去興趣，出現消極的姿態。因此**與孩子互動時，若能多多展露出明朗、溫暖的一面，孩子也會敞開溝通的大門。**

不過並不是要父母一直笑，重要的是展現給孩子真誠的表情。當然生活中會有各種狀況，也可能會出現比較誇張的表情。例如弄壞了什麼東西，一邊說：「啊，怎麼辦？」一邊露出好可惜的表情；找不到東西的時候，可以一邊找一邊說：「到底在哪裡？」一邊露出疑問的表情，這樣可以更強調想傳達給孩子的訊息。

另一個重要的表情是「等待溝通的表情」，這可以讓孩子得到「輪到我了」的提示，並嘗試進行溝通，孩子會看著你的眼睛，準備好分享自己關注的事物。父母透過明朗的表情向孩子傳達「我準備好聽你說了」的訊息，這其實一點都不難，當你把這個訊息裝在腦海中對孩子說話時，自然會看到孩子的眉毛不自覺往上挑，並張開小嘴彷彿想說些什麼的臉。

每天1分鐘對話

念書的時候與孩子面對面

許多父母會念故事書給孩子聽，通常習慣讓孩子坐在腿上一起看書。這種姿勢雙方都很舒適，也可以增進親子的親密感。不過偶爾也可以嘗試面對面坐著念書給孩子聽，這樣可以讓孩子很容易看到父母各種表情和嘴型，能更深入理解故事內容，進一步模仿或參與。

使用讓語言更生動的「父母語」

「哎喲，好口愛喲！」「嗨，你幾歲了？」帶著孩子去超市或遊樂場時，經常會遇到其他大人跟孩子說話。從他們的聲音和語調中可以感覺到，對方也是喜歡孩子的人，因為他們面對孩子時說話的語氣和聲音與平時明顯不同。

不過在諮詢中，我也發現一些不同的情況，有些父母和孩子對話時，就像在外面跟一般人對話一樣聲音單調、沒有起伏。甚至有不少父母對於要跟還不會說話、不太有反應的嬰幼兒講話感到尷尬不自然。

對於這類型父母，我會請他們要用更誇張、更生動的語氣和表情對孩子說話。但他們還是會放不開，很難改變自己。曾有一位前來諮商的母親，表示自己原本個性就內向，而且在當媽媽之前其實並不特別喜歡小孩。孩子兩歲了，出現語言發育遲緩的狀況，她對於和孩子互動感到挫折。她提到孩子平時很喜歡看美國一個長壽的兒童節目《芝麻街》，於是我建議她可以模仿節目中那些玩偶角色的聲音和語調說話。她在克服內心障礙照著建議做之後，終於逐漸可以用較誇張生動的語調與孩子進行更深入的互動。

促進共鳴能力的「父母語」說話法

「父母語」是指成人在對嬰幼兒說話時，會自動轉換模式，用所謂「媽媽的聲音」說話，有人稱為「幼兒導向性語言」（child-directed speech），因為主要是以媽媽的聲音為主，所以也有人稱為「媽媽語」（motherese）。但實際上說話的人並不局限於母親，因此在美國更常被稱為「父母語」（parentese）。不過不管什麼名稱，意思都是一樣的，特點如下。

- 頻率稍高的明朗嗓音。
- 柔和的語調。

- 像唱歌一樣較誇張的抑揚頓挫。
- 說話速度較慢，音節拉得比較長。
- 較多單詞或簡短的句子。

這個時代的韓國父母，應該沒有人不知道《Popopo》這個節目吧，因為這是一九八〇年代小朋友必看的電視節目。節目的靈魂人物「寶美姐姐」對小朋友說話就會用特別的語調和嗓音，抑揚頓挫明顯，語速也較慢，用簡短且孩子容易理解的方式表達。現在從幼兒園老師身上也經常可以聽到類似的說話方式，這些都可稱為「父母語」。

不了解就使用和了解後再使用的差異

比起大人之間談話平穩的語調，孩子更喜歡慢而誇張的說話方式。誇張的聲調、緩慢的語速、生動的語氣，這些很容易吸引孩子的注意。也就是說，可以讓孩子更能集中精神傾聽父母說的話，提高專注力和共鳴能力。另外，因為語速慢，所以更能強調說話的聲音，讓孩子清楚聽到並培養辨別的能力。放慢速度說話，也可以幫助孩子理解句子中的詞彙如何停頓。

例如「放進爸爸的包包裡」和「放在爸爸包包裡」聽起來相近，但傳達的意思卻不同，可以試著模仿幼兒園老師的語氣說，這樣會比用平常語氣說話時更能傳達意思。這種理解和辨別能力是孩子語言發展的重要基礎。給孩子越豐富多樣的聲音，可以幫助他們理解和使用更多的詞彙。

神奇的是，無論是哪種語言或文化，全世界父母都會本能地對嬰幼兒使用這類語氣。一項研究報告指出，**在告知「父母語」是最直接可以幫助孩子提高語言發展的方法時，家長們普遍會更積極主動使用這種方式，也因此讓孩子的語言發展得到很大的進步。**所以在不了解的情況下使用，與了解之後再使用，兩者之間是有差異的。

與「寶寶語」不同

常常會看到大人與小孩說話時，會說「喔喔～怎麼辦？」或「啾啾，要不要吃？」之類的話，這些與其說是對孩子說的語言，不如說是「孩子使用的語言」，也就是所謂的「寶寶語」。像是「飯飯」、「ㄅㄨㄅㄨ」（車子）、「ㄋㄟㄋㄟ」、「汪汪」、「嗯嗯」（大便）、「噓噓」（小便）等。另外還包含了因為孩子發音不成熟或比較困難，使得父母乾脆配合跟著說的變形單詞。例如「冰淇淋」，很多小孩會說成「冰激淋」，父母也就跟著說「要不要買冰激淋」。這類的「寶寶語」對處於語言發展起步階段的孩子來說更容易使用，因此父母往往不自覺地跟著說。

但如果家長一直用「寶寶語」說話，實際上對孩子的音韻和詞彙發展方面會有不利的影響。不僅如此，用外人聽不懂，只有父母和孩子之間才懂的表達方式，也會限制孩子的溝通，到頭來還是必須重新學習發音和用法，反而造成混淆。為了幫助孩子語言發展順暢，對孩子說話時最好還是用正確的發音和詞彙，這樣才能讓孩子掌握字詞的正確聲音和用法。不過孩子牙牙學語時的可愛發音總是讓人融化，以下就舉幾個例子，在面對童言童語時可以機智地回應。

孩子：「ㄋㄟㄋㄟ。」

家長：「你要喝牛奶嗎？」

孩子：「ㄅㄨㄅㄨ！」

家長：「ㄅㄨㄅㄨ就是汽車喔。」

孩子：「果果。」

家長：「你想吃蘋果嗎？」

孩子：「嗯嗯。」

家長：「想大便是嗎？」

孩子：「汪汪。」

家長：「小狗在汪汪叫。」

不過對於還無法完整說出一個單詞的孩子來說，把不同發音的字組合在一起說出口其實很難，例如「襪子」、「糖果」。相較之下，疊字就比較容易發音和模仿，例如「ㄋㄟㄋㄟ」、「媽媽」、「爸爸」。也就是說，在語言發展初期，孩子表達的多為音節反覆、音韻結構單純的字。因此，也有部分研究認為，針對語言發展初階的孩子，可以短暫使用常態化的寶寶語，這麼做的目的是為了更有效誘導孩子簡單地模仿，對接下來的語言發展會有幫助。

重要的是，當察覺到孩子開始擺脫疊字模式，出現不同發音組合的詞彙時，家長也要逐漸調整，說出正確的字詞如「飯」、「汽車」、「小狗」等。使用「父母語」時也一樣，隨著孩子語言能力的發展，漸漸不用特別的語氣或聲音，孩子也能透過詞彙及句型、情況等各種線索充分理解並給予回應。

每天1分鐘對話

「父母語」讓沐浴時間更生動

和孩子洗澡時活用一下「父母語」吧！在洗澡前準備和洗澡過程中用「父母語」描述。首先柔聲對孩子說：「準備洗澡囉！」再帶孩子進入浴室準備。「打開水龍頭」、「哇，水熱熱地好舒服」、「沖沖沖、搓搓搓」、「頭髮搓一搓，肚子搓一搓，手也搓一搓」、「好癢好癢」、「哇，好舒服喔」帶著孩子跟隨動作像同步轉播一樣。不要忘了隨時看著孩子的眼睛，展現開朗的表情，效果會更好。

在玩得正起勁時停下來

根據研究顯示，如果養育者經常對七個月大的孩子重複同樣的單詞，經過一年半後，孩子會表現出更顯著的詞彙能力。因此，如果對孩子持續重複同樣的表達，就可以幫助孩子更快掌握。

孩子喜歡可預測的東西。在熟悉並且可預測的情況下，更能有效地掌握語言。舉例來說，上課時老師問問題，知道答案與不知道答案兩種情況下，哪一種會讓你勇於舉手？當然是知道答案。面對不熟悉、不確定該說什麼、不知道什麼時候說比較好的情況，會讓孩子很難參與溝通。但如果能知道在什麼時候應該說什麼話，孩子就會有自信表達。

只要重複聽到同樣的表達，孩子就會逐漸習慣，讓這種表達成為可預測的狀況。例如常常聽到媽媽說「吃飯飯了」，這個語調跟詞彙會從陌生到熟悉，然後從某個時候起，就算孩子因為肚子餓而哭鬧，一聽到媽媽說「吃飯飯了」的瞬間，哭聲就會停止。

一脫離興奮或有趣的事物，孩子瞬間就會對那件事失去關注，這種明確的分界在孩子身上很明顯。接下來就來了解一下如何提高孩子的關注度，又可以無限重複可預測的互動方法。

給孩子的常規遊戲

這裡的「常規遊戲」是指在每次玩的時候，從開始到結束都有一定的順序，並反覆使用相同或類似的表達。是親子可以一起玩而且是孩子非常喜歡的互動遊戲，**透過常規遊戲的反覆性，除了感受到快樂，也可以持續累積互動經驗，進一步提高孩子主動參與的意願。**

代表性的常規遊戲像是遮臉躲貓貓遊戲，大家一定都玩過，就是先用手遮住臉，然後打開手露出臉孔並一邊發出「哇嗚」的聲音。重複常規遊戲的順序，孩子很容易就能預測並參與下一步行動和表現。這類遊戲具有「物體恆存性」（object permanence）的概念，也就是即使看不見該物體，也能認知到物體確實存在。嬰兒從 5～7 個月左右，開始有能力探索部分被遮擋的物品，因此會覺得臉被遮住然後又出現是很神奇又有趣的。

嬰兒出生後不久，養育者就可以與孩子面對面進行簡單的常規遊戲。例如各種臉部表情、抿嘴再打開發出「ㄅㄚ」的聲音、彈舌、吐舌發出「ㄌㄩㄝ」聲、像印第安人一樣用手拍嘴發出「喔喔喔」的聲音等。隨著語言發展，還會有其他讓孩子寓教於樂的遊戲。

- 遮臉躲貓貓：「不見了……出現了！」「○○，鏘鏘！」「○○在哪裡啊……這裡！」
- 搔癢：「○○……抓抓抓！」「抓到了！」
- 肚子親親：用力親吻孩子的肚子發出「ㄅㄛ！」的聲音。
- 用兩根手指像走路一樣沿著孩子的手臂往上走，一邊說：「走上去、走上去，抓到了！」
- 擊鼓：「咚！咚！咚！」

- 捉迷藏：「〇〇在哪裡？……找到了！」
- 堆積木：「高一點、高一點……咚，倒了！」
- 飛高高：抱起孩子往上舉：「起飛……咻！」
- 把玩具擋住再拿出來：「小熊在哪裡？這裡！」
- 打噴嚏：「哈……哈……哈……哈啾！」
- 溜滑梯：「上去，上去。咻……滑下來了。」
- 物品放在頭上又掉下來：「喔喔喔……啊！掉下來了。」
- 簡單的拋接（球或玩偶）：「咻！接住了！」
- 把孩子放在大棉被上，由大人們抓著四邊搖晃，就像坐搖搖船一樣：「1、2、3、4、5……還要嗎？」
- 敲門：「扣扣扣！有人在嗎？」
- 唱歌
- 律動

不只是上述那些一般人熟知的遊戲，在任何情況下其實都可以加入有趣的聲音和動作，設計只屬於孩子的特別常規。有一個孩子已經十八個月大了卻遲遲未開口說話，家長急著帶小孩來找我。我觀察到那個孩子喜歡一個人玩，即使大人坐在旁邊跟他說話也沒有太大的興趣。這天，孩子帶了個玩具來，上面有按鈕，當孩子無意間按下按鈕時，玩具就發出有趣的「ㄅㄛ」一聲。孩子聽了似乎也覺得很有趣，看著我的臉咯咯地笑了起來。為了持續互動，我也同樣地按了那個鈕，玩具發出聲音，孩子又笑了起來。我加上「再按一下……」提高孩子的期待感。孩子帶著期待的表情看著我，等待著玩具發出有趣聲音的瞬間，「ㄅㄛ」的一聲，孩子又笑開懷了。於是這就成為孩子的常規遊戲，不知不覺間，孩子也一起發出「ㄅㄛ」的聲音，積極地參與遊戲。

像這樣，根據孩子的個性和喜好不同，玩的遊戲也不同，同時依照語言發展的程度，參與的方法也不同。在孩子會說話之前多透過眼神、表情、手、腿的動作，或是像寶寶語、咯咯笑的方式參與。隨著語言的發展，孩子在參與遊戲的過程中可能會說出第一個有意義的詞、把兩個單詞組合起來，或是可以說出短句子等。

與之前介紹的其他方法一樣，在表達性語言階段最好使用簡短的表達或聲音，這樣孩子比較容易模仿。例如在遊戲結束時可以問：「再來一次？」**建立一個範本，讓孩子日後想再繼續玩遊戲時，就知道可以怎麼說。**

剛開始為了吸引孩子，必須有趣地反覆進行，等孩子熟悉到一定程度後，可以在最高潮的部分暫停，給孩子機會參與。

無論孩子以何種方式參與，家長都應該立即回應，這樣孩子才會有信心，願意再嘗試表現。另外比起玩具，更推薦以人與人的互動遊戲開始。不同的常規遊戲對不同的孩子效果不一，還是希望家長先觀察孩子的個性、氣質、喜好和關注的事物，不斷嘗試各種遊戲，必能找到最適合、孩子最喜歡的常規遊戲。

每天1分鐘對話

熟悉的歌唱到一半停下來

如果經常和孩子一起唱歌，很推薦這個方法。當孩子跟著家長隨旋律擺動或哼唱時，家長可以在句子最後適時暫停，等待孩子填補句尾的最後一個詞。例如《小星星》，家長唱：「一閃一閃亮……」孩子接著唱：「晶晶。」家長唱：「滿天都是小……」孩子接著唱：「星星。」剛開始孩子可能反應會比較慢，請耐心引導等待。重複這樣的方式，就可以誘發孩子的語言發展。

面對面展現各種表情

「這個是『蘋果』，跟我說，蘋果！」

一個媽媽要十五個月大卻仍未開口說話的孩子跟著說「蘋果」。孩子把頭轉開，一點興趣都沒有的樣子。這位媽媽因為孩子遲遲不說話，甚至不模仿而感到焦急，因此更努力地要求孩子跟著說。看到孩子想要玩模型蘋果，媽媽趁機要求孩子先跟著說才拿給他。結果孩子看看媽媽再看了看模型蘋果，就把頭別開對目標失去了興趣。

人類透過模仿學習語言。若要讓孩子看到紅色、圓圓的物體就說出「蘋果」，就必須先讓他聽到那個東西叫「蘋果」，並跟著說。**孩子在能夠自己用語言表達之前，必須先具有聽和模仿的能力。**

模仿別人的能力很早就會表現出來。出生兩個月的嬰兒看到父母露出微笑，就會跟著笑；看到別人伸出舌頭，也會跟著伸出舌頭。因為透過視覺觀察對方的動作，大腦就會刺激直接反應的運動皮質，即鏡像神經元（mirror neuron system），這是與生俱來的能力，所以不需動手拉孩子的舌頭，孩子看到父母伸舌頭自然就會跟著做。當然，新生兒不一定會模仿父母的每個表情和嘴型，因此小孩若沒有表現出來也無須太早煩惱。不過，越是經常和孩子面對面，展現多樣化的表情，就越能刺激孩子的神經系統。

如果孩子的肢體發展良好，可以控制自己的身體，就能使用大肌肉模仿他人的行動。當孩子可以自己坐穩時，給他看拿著玩具揮舞的樣子，他也會努力拿起玩具揮動；看到父母把玩具放進盒子裡，孩子也會有樣學樣；看到父母鼓掌的樣子，他的兩隻小手也會用力地拍。這些動作會逐漸變得越來越細緻，並進一步使用到小肌肉，也就是模仿手勢、聲音和語言。

最後才是語言模仿

大人會覺得模仿說「蘋果」很簡單，但對孩子來說，這需要高度的協調力。人在說話時會使用約四十五條肌肉，因為必須要識別並調節很細緻的動作，所以這並不容易，需要大量嘗試和經驗累積的成果。模仿的階段如下。

表情→行動（搖晃玩具、敲打）→肢體語言（手勢、點頭、拍手、嘟嘴等）→單純的聲音（啊、喔、嗚、媽媽、巴巴）→有意義的單詞（肉、襪子）→句子（我要喝水）

模仿的前提是必須對他人的行為有興趣。孩子透過觀察他人行為並模仿來學習，特別是自己喜愛的人。會自然關注餵自己吃、照顧自己、讓自己感到開心並信任的人。**孩子透過模仿這個工具，練習什麼樣的行為或聲音可以滿足需求和欲望。在經過很多練習之後，才會開始用有意義的語言來提出需求和滿足需求。**

在模仿語言之前，孩子必須經過系統的階段和無數的經驗。像「跟我說，蘋果」這種以命令誘導模仿的方式，孩子跟著做之後雖然可以獲得補償（模型蘋果），但因為孩子並不是溝通的主體，所以對於發展自發性口語表達是沒有幫助的。反而會因為必須做到某件事才能得到想要的東西而造成壓力，長久下來反而妨礙孩子主動溝通。

要孩子模仿父母，首先父母要模仿孩子。看到父母模仿自己的行動，孩子會覺得父母在關注我，對我所關心的事也有興趣。雙方在關注之餘會意識到彼此互相做著同樣的動作。「爸爸學我耶，那我也來學他吧！」自然而然就會模仿父母。

要讓孩子控制身體肌肉，產生自我意識的行動，就必須賦予社會性動機。但是以他們的年紀對世界的理解有限，只能根據自己的需要行動。因此不要急著督促孩子脫離他熟悉的脈絡進行新行動，**不如先模仿孩子現在正在做的事，更能夠誘發孩子的興趣，引導孩子模仿。**

每天1分鐘對話

拿同樣的玩具模仿孩子

模仿孩子行動最好的時機就是遊戲的時候，可以拿同樣的玩具模仿孩子的行爲，若只有一個玩具，就參與遊戲，模仿孩子的行爲。像是輪流打鼓、按按鈕、丟球。若是有好幾個零件的玩具就更好了，當孩子雙手拿著積木「咚咚咚」地敲，家長就拿起另一個積木跟著敲。或是像疊積木，孩子放好一個積木，家長就拿另一個疊上去，孩子看到爸爸媽媽跟著自己做，會頓時感到有趣，再度重複動作。經由這樣一遍又一遍的互動，自然就能提高模仿能力。

把孩子最喜歡的東西擺在眼前

孩子在說出第一個有意義的單詞之前，都是用肢體來表達意思，也就是各種手勢和動作。在開始說話前和會說話的初期，孩子的肢體動作是預測和促進今後語言發展的強力要素。肢體動作能使用和模仿得越多，日後語言發展的表現就可能會越好。

像打招呼、鼓掌、點頭、親親、雙手高舉萬歲、擊掌、手比愛心等，孩子會利用手部、頭部動作對特定對象表達意思。其中，具指示性的動作更是發展的重要指標。指示性動作是指將注意力轉移到某物品、場所、事件等有目的的手勢，從單純的模仿到影響對方想法或行動等更大的社會意義，與語言發展形成密切的關係。那麼，應該如何進一步強化呢？

創造引導孩子伸出手的環境

同樣是伸出手，抓住想要的東西和向某人表示我想要那個東西是有區別的。在4個月左右，孩子開始會出現伸手向著想要東西的行為，但純粹只是表達想要。一直到要9～13個月，才會包含向某人發出指示的意圖，「我想要那個」、「你看那個」，伸出的手掌會握起來再打開，嘴裡發出咿咿呀呀的聲音、輪流看著互動對象和自己的手等動作。這個時期是孩子有意識使用手勢的重要時期，卻常常被忽略。

把孩子喜歡的食物放在面前

讓孩子坐在餐椅上，把水果、零食、水、牛奶等孩子喜歡的食物放在餐桌上，孩子就會自然而然把手伸向自己想要的食物。這個時候，若父母可以認真回應，這會是很好的強化劑。如果孩子動作還很生疏，可以先幫忙盛一點給孩子，然後把剩下的放在他眼前，可以幫助他還想再吃時，就能伸出手來表示。

尋找孩子最喜歡的東西

在和還不太會說話的孩子進行語言刺激課程時，我一定要做一件事，就是尋找孩子最喜歡的東西。可以準備幾樣一般小孩都會喜歡的東西，食物、零食、玩具、物品都可以，放在孩子看得見、搆得著的架子或桌上，或是有蓋子的箱子、有拉鍊的袋子裡，引導孩子用手勢或其他動作表達想要拿到喜歡的東西。

如何引導呢？父母可以詢問「你要什麼？」、「哪一個？」讓孩子有機會更確切地溝通。但若為了讓孩子自主表達，而故意拖到孩子開始哭鬧或發脾氣的程度，反而容易讓孩子留下溝通的壓力和負面情緒。所以不要等太久，差不多3~5秒，最長不要超過10秒，孩子比上回多表達了一些，就可以把東西交給他。

指給孩子看

孩子在週歲左右可以用手指。剛開始會把手全部張開，約

3 個月時就會握拳，只伸出食指指向某個物件。當孩子語言發展比較順暢，可以組合單詞表達時，會更積極加上手指的動作。就像是看到感興趣的事物卻不知如何表達，在對父母說：「這個、這個！我不知道怎麼說，請告訴我！」

在還不會說話之前，會以手指來表達。在開始會說有意義的單詞之後，透過手指動作可以了解更多單詞，有利於日後組合單詞、完整說出短句。事實證明，**孩子用小小手指東指西指的行為，與他們日後語言發展有著密切的關係。**那麼，我們該如何助孩子一「指」之力呢？

在全家福照片中指出媽媽的臉

任何孩子有興趣的物品，不管是散步看到的東西、牆上的照片、書本上的畫等，都很適合作為素材。例如給孩子吃餅乾前先指指餅乾，當孩子伸出手或盯著玩具看時，就指指玩具再拿給孩子。和孩子一起看書、圖畫、照片時，可以邊看邊說邊用手指。跟著孩子視線看到的人、物品或鏡子中的模樣，一邊用手指著，一邊告訴孩子那是什麼。

在能夠自己找到目標並用手指出來之前，必須先跟隨大人

的手指聚焦。爸爸指著全家福照片中媽媽的臉，孩子也會把視線轉向照片中媽媽的臉。剛開始就先對身邊熟悉的物品「指指點點」，慢慢引導孩子的視線朝向更遠的物品。

看書時搭配各種肢體動作

許多家長會和孩子一起看繪本，繪本最大的優點就是圖文並茂。透過圖畫可以獲得很多線索、掌握脈絡，對語言發展有很大的助益，而搭配肢體動作可以將效果發揮得更大。光是說給孩子聽，即使用大量詞彙來形容，都比不上手指著圖畫所提供的線索更精確。

除了單純用手指之外，還可以用描繪的方式，例如看著畫裡的猴子，然後手指順著輪廓模仿畫猴子；指著畫中表情悲傷的人物假裝悲傷哭泣的表情；指者畫中登上山頂的人物，高舉雙手歡呼。

也可以用手指敲敲書或者向圖畫中的人物打招呼說「你好」；看到坐汽車的畫面，身體也左右晃動像坐車一樣。**親子共讀時，可以搭配各種手勢、肢體動作讓過程更生動，孩子的集中力和參與度跟著提高，自然會成為愛看書的孩子。**

對孩子發出的信號在5秒內反應

研究顯示，牙牙學語較晚的孩子，在詞彙能力和語言學習上也很可能會比較遲緩。因此，父母最好早點留意並觀察嬰兒期發出的各種聲音。如果孩子到了10個月左右還未發出咿咿呀呀的聲音，就應該盡早檢視孩子的語言發展。

對話的概念在牙牙學語期奠基？

專家指出，觀察嬰兒牙牙學語時的表現，可以預測日後的語言發展。如果養育者對孩子咿咿呀呀的寶寶語給予較多反應，孩子的語言發展就可能會比較快。若希望孩子發出多種不同的聲音，就要讓他們聽不一樣的聲音，而其中最重要的就是父母對孩子說話的聲音，換句話說，經常對孩子說話，是刺激他們牙牙學語的方法。

在五秒內回應孩子發出的聲音這一點很重要。許多大人因為聽不懂嬰兒的寶寶語，認為只是無意義的聲音，所以常常不會立即回應。或是可能因為正忙著幫孩子換尿布、忙著做家事，一時不知做何回應就乾脆不回應了。但研究顯示，當孩子咿咿呀呀發出不明所以的聲音時，父母在五秒內回應與慢慢回應相比，前者孩子的語言發展更快。另一項研究也指出，父母對孩子的表達回應越快，孩子會使用的詞彙數量就越多。因為孩子得到回應時，可以立即將父母回應的話與自己表達的意思連結起來，進一步學習。

和孩子說話時，中間偶有停頓等待也很重要，因為這樣可以傳達溝通就是交流的概念。對孩子說了一句話後，即使只停個 3～5 秒也好，看著孩子的眼睛，給他表達的機會。當孩子咿咿呀呀表達後，父母再予以回應。即使不懂孩子的意思，也盡量讓他們表達，這樣自然而然就能學會「對話」的概念。

就算無法回應孩子的所有聲音，也要努力傾聽，盡可能回應。孩子必須透過這些過程學習自己的表達造成多少影響力，並累積溝通的經驗。此外，若加上前面提到的對視、明朗的表情、肢體接觸、父母語等，更能提高效果。

對牙牙學語的孩子該如何回應

孩子發出不明所以的咿呀聲，很多父母不知道該怎麼回應。其實不管如何表現，只要給予回應，就已經是很好的刺激了。不過為了更有效的刺激，以下還是介紹幾個方法給大家。

首先可以分成兩種情況，一是孩子咿咿呀呀的意圖不明確，以及意圖明確時。像新生不久的嬰兒傳達的聲音大多意圖不明確，因為他們還沒有「傳達」的概念，因此比起有意義的回應，父母可以先幫助孩子探索聲音。例如孩子發出「ㄚㄅㄚㄅㄚㄅㄚㄅㄚ」的聲音時，父母可以：

①模仿孩子也發出「ㄚㄅㄚㄅㄚㄅㄚㄅㄚ」的聲音。

②發出不完全相同但類似的聲音，如「ㄚㄇㄚㄇㄚㄇㄚㄇㄚ」，幫孩子「擴張」不同的聲音。

③依照狀況簡短表達，如「ㄅㄚㄅㄚ，汽車ㄅㄚㄅㄚ」，建立初步的句型模式。

若孩子發出聲音是有意識的表達，就可以簡單幫孩子建構句型。例如孩子手伸向玩具汽車，發出「ㄚㄅㄚㄅㄚㄅㄚㄅㄚ」的聲音時，家長可以說：「要汽車嗎？想玩汽車是嗎？」

每天1分鐘對話

換尿布時的咿咿呀呀

寶寶語最豐富的時刻大概就是換尿布的時候了，因爲照顧者會跟孩子面對面、對視、身體接觸，是用咿咿呀呀語言交換的最好時機。即使沒有玩具或食物，也能毫無阻礙地進行互動。

可以先唱歌或發出有趣的聲音（如彈舌、模仿印第安人的歡呼聲），吸引孩子注意，再看著孩子的眼睛靠近親親、搔癢、按摩等身體接觸，然後說：「○○大便囉」、「我們來換尿布吧」、「哇，好舒服啊」。這樣有助於誘導孩子發出聲音，記得中間短暫停頓3～5秒，給孩子更多參與溝通的機會。

讓孩子多聽一些有趣的聲音

孩子能聽懂大人說的話嗎？可以發出各種不同的聲音嗎？一見到人就會笑嗎？有些孩子即使是很容易模仿的單詞也學不起來，不過有一種方式可以幫助他們，就是透過有趣的聲音來誘導模仿。

普遍認為，**孩子在能夠通順地說話之前，多使用擬聲詞、擬態詞跟他們對話會是有幫助的。因為擬聲詞、擬態詞更符合單詞意思的真實聲音，因此孩子很容易理解和跟隨。**另外像「汪汪」、「嗡嗡」這類疊字詞與嬰幼兒咿咿呀呀的寶寶語相似，多由孩子容易發出的聲音組成，如「ㄨ」「ㄚ」「ㄧ」等。

研究顯示，不管哪一種語言，擬聲詞、擬態詞通常在兒童說話初期的單詞中占了 20%～40%，對於引導孩子第一次說出有意義的單詞這個階段效果很好。擬聲詞、擬態詞可以從孩子關注的事物或動作開始，隨時隨地都適用。

特別是在孩子能流暢說話之前，推薦在日常生活中大量使用擬聲詞、擬態詞。例如吃飯說「飯飯」、洗澡說洗「澎澎」、漱口「咕嚕咕嚕」。看到有人跳舞說「搖啊搖」、拿著鈴鼓搖晃說「鈴鈴鈴」、散步時看到隨風搖曳的花木說「搖搖晃晃」等，在我們的日常生活中就可以做到。以下就詳細列出一些日常生活中常用的擬聲詞、擬態詞。

鏘鏘、叩叩、咘咘、噗噗、嗡嗡、飯飯、圓圓的、方方的、扁扁的、長長的、短短的、細細的、尖尖的、滑滑的、咕嚕咕嚕、撲通撲通、嘩啦啦、叮鈴鈴、蹦蹦跳跳、搖搖晃晃、嘀嗒嘀嗒、轟隆轟隆、砰砰砰、軟軟的、硬硬的、咔擦、咻咻。

還是很難，就從感嘆詞開始

如果孩子很難模仿擬聲詞、擬態詞，可以從一些有趣的聲音或感嘆詞開始。以下列出的感嘆詞主要是簡短而有衝擊力的表達，較容易引起孩子的關注。

啊、哎喲、哎呀、哇、喔耶、讚、棒棒、噓、呼呼、嘿咻

感嘆詞與一般單詞相比，更強調聲調和抑揚頓挫，孩子會很容易被吸引並聆聽。同時多半可以配合簡單的動作一起發出，因此很容易成為互動遊戲。那麼感嘆詞實際上該怎麼使用才好呢？

- 和有趣的動作一起使用，這樣孩子會更感興趣，參與其中，就更容易誘導行為和聲音的模仿。例如做出像舉重一樣的動作，發出「嘿咻」的聲音。
- 增加反應，有趣動作加上誇張的表情，孩子會更喜歡。例如張大嘴說「哎呀！」或睜大眼睛說「哇～」
- 反覆多次。發現孩子感興趣，可以多重複幾次，最好讓孩子也可以參與。
- 動作、說話、停頓、等待。就像前面介紹的常規遊戲一樣，剛開始由父母示範，待孩子逐漸熟悉後，就可以適時停頓，提供孩子參與的機會。

即使孩子還不會模仿聲音，但只要透過有趣的互動就能充分刺激語言發展，一起和孩子共度愉快的時間吧。

每天1分鐘對話

強調抑揚頓挫語調

遇到語言發展較慢的孩子，我通常都會跟父母說：「像唱歌一樣說話。」在對孩子說話時像唱歌一樣，加入旋律或語調。任何單詞都可以變成有趣的聲音。

例如像音階一樣說「拉手～」（La Sol～），放慢速度強調每一個字的音，讓孩子覺得有趣，就會想加入。這個方法在孩子能夠順暢說話之後也很有用，幫助孩子從單詞組合到短句子、長句子。例如「拉手手」（La Sol Sol）、「喵咪」（Mel Mi），父母可以即興用任何音階旋律，重點是要有趣地說出來，才能引起孩子興趣，促進語言發展。

翻譯孩子的動作

一對父母帶著還不太會說話的孩子前來諮商，我請他們將孩子喜歡的食物放在拿不到的地方，引導孩子提出需求。因為過往孩子還沒有任何表達之前，父母就會把孩子想要的拿給他。上過課之後，父母了解**要給孩子機會並等待，才能引導孩子表達**。隨著一次次練習，孩子用手勢表達自己想法的頻率增加，雖然還不會說出有意義的單詞，但發出的聲音也變多了，獲得了很大的進展，不過還有一個不足之處。

就是當孩子把手伸向物品表達他想要擁有的意識時家長的反應，媽媽覺得孩子會用手勢表達意思很了不起，馬上充滿欣慰地說：「好，來，給你。」當然，立即回應孩子是有幫助的，但**更好的方式是先翻譯孩子的動作。比起像「這個」、「好」、「給你」這類不明確的用詞，不如進一步用**

「要喝水嗎？」「想要草莓嗎？」這樣明確描述孩子動作所表達的意思，對孩子會更有幫助。

建立表達意見的信心

透過父母的反應，孩子可以意識到自己的動作是不是有效的溝通，進而學習溝通。同樣都用手指了五次，但一個孩子只得到兩次回應，另一個得到了四五次回應，這兩個孩子對自我表達的信心和溝通效果的理解會大大不同。

孩子們用動作表達的意圖大致分為兩種，一是有想得到的物品或行動，另一個則是想與對方分享自己正在關注的東西。仔細觀察孩子的動作，用手指著、向某個東西或人伸出手，把某個東西舉起來或拿到面前、遞給對方或抓著對方的手指向某個物件，各式各樣的動作，都代替孩子正在表達心中的意圖。

- 孩子手指著繪本裡的大象，父母翻譯：「這是大象。」（分享關注的事）

- 孩子把手伸向父母手中的零食，父母翻譯：「給你餅乾。」（物品的需求）
- 孩子拿鞋子給父母看，父母翻譯：「爸爸的鞋子。」（分享關注的事）
- 孩子把積木遞給父母，父母翻譯：「幫你疊積木。」（行動的需求）

當孩子想要什麼物品時，就說出該物品的正確名稱；希望做出什麼行動，就描述那個動作給孩子聽。當孩子以手勢分享正關注的事物時，父母就把孩子的意思描述出來。**不是反問孩子的意圖，而是像即時口譯一樣把孩子的意圖說出來。因此不需要特別費心想該怎麼說，一兩個詞就足以表達了。**

尤其當孩子分享他所關注的事物時，常常會反覆多次表達。或許有不表達的孩子，但沒有孩子會只表達一次。這種情況孩子反覆表達幾次，父母就跟著反應幾次，讓孩子透過一再重複來累積對新概念的理解。有的孩子需要很多次，有的可能幾次就可以。**或許大人無法理解，解釋了很多遍為什麼孩子還是一再重複同樣的話，但這是孩子透過一貫性反應以獲得確信的過程。支持陪伴孩子度過這個過程是父母的責**

任，在孩子累之前，父母先別喊累。

學習動機最強的時候

把孩子的動作翻譯並說出來，可以幫助孩子學會合適的表達方式。正如前面提到的，孩子以手勢表達後聽到的單詞，會成為孩子學會的單詞。散步時手指著鳥分享給父母的孩子，是因為對鳥感到新奇有趣，卻還不知道那稱為「鳥」，所以只能用手指著來表達。但他對鳥有興趣，也做好了學習的準備。這時父母若能把孩子想表達的翻譯出來：「鳥，那是鳥。」孩子聽了馬上就能吸收。因為這一刻孩子的動機最強，學習能力比其他任何時候都好。

大人之間對話時，其實很難與回答簡短的人進行長時間對話，說什麼對方都是「嗯」、「是啊」、「大概吧」，講沒兩句就說不下去了。但若對方對我提出的問題真誠回答，分享他的看法，就會有種「這個人有聽我說話」的感覺，就會很想一直聊下去。孩子也一樣，如果孩子把手伸向水，父母只是說「好，給你」然後拿給他，孩子得到了想要的東西，就再也沒有繼續互動的要素，交流就會中斷。但如果父母能給予更具體的回應，孩子會嘗試模仿並反覆表達，努力嘗試分享並自然而然的學習。

每天1分鐘對話

動作確認表

爲了幫助父母有效翻譯孩子的動件，可以把以下表格貼在冰箱上，隨時回想孩子做過的動作，進行檢視。久而久之就可以掌握孩子的細微動作，進行適當的翻譯。

日期	孩子的動作	父母的翻譯
	把球拿過來	這是球啊。
	把手伸向水	水！給你水！
	指著心愛的玩偶	娃娃給你。

成為孩子日常的創作者（Vlogger）

前陣子在超市買菜時，我看到一個媽媽帶著小孩站在花前面，孩子坐在推車裡，大約兩歲大，媽媽指著花對孩子說：「Wow, Look at all the flowers! So colorful.」（哇，看看這些花，好多顏色啊！）

然後媽媽拿出一束花，湊到孩子面前讓他聞一聞，接著說：「Does it smell good？」（聞起來很香吧？）孩子笑著說：「Yea, Smells good。」（嗯，很香。）在日常生活中很容易錯過的平凡場景，那位媽媽仍用語言豐富了孩子的經驗，讓我留下很深刻的印象。

忙著準備上班的早晨，或是換上睡衣準備就寢的夜晚，是很多父母在育兒過程中很容易忽略的時光。但在這樣不經意

的日常中，語言刺激和互動的效果比什麼時候都好，因為透過基本的日常詞彙，更可以培養表現的豐富性和精巧性。

要看到、觸摸、感受才能說得流暢

孩子是透過經驗來學習世界，而經驗來自親眼看到、親手觸摸、感受和體驗。語言也一樣，必須在充分累積的經驗基礎上學習，效果才會好。

要說出「香蕉」，就必須先理解香蕉一詞。親眼看到實體或圖像的同時，也要聽到「香蕉」這個名詞。必須經過數次經驗的累積，親自觸摸過、品嚐過、感受過味道和觸感，才會對香蕉這個物品的功能、組成、種類等相關詞彙有所理解。孩子在能順暢地說話之前，就已經透過詞彙來累積語言能力的基礎。

孩子每天經歷的世界就是他們理解的世界。在與家人一起的日常生活中，**越是盡其所能地為孩子創造參與生活的經驗，孩子就越能夠學習豐富的語言。讓孩子親身體驗拿出自己想吃的零食、按電梯按鈕、丟垃圾等，累積生活經驗。**

在每天重複的常規中添加語言

為了孩子的語言發展，父母有時得像「體育主播」一樣，也就是要隨時描述和表達孩子的行為和經驗。或許有些較沉默寡言的父母們會感到不自在，光是照顧小孩的日常就已經消耗了很多能量，還要不停與孩子說話？光想就覺得累。

要像體育主播一樣轉播孩子的所有行動和體驗當然很難，事實上過度的語言刺激反而可能破壞孩子的專注力，也很難分辨出有意義的表現，妨礙語言學習。所以就從日常下手，從孩子每天都會重複的小地方開始，這樣就能充分取得效果。只要在固定的程序中多加一句，重複多次，也能幫助孩子理解和掌握表達。

常規的程序	可以說什麼
開關門的時候	「開門」、「關門」
開關燈的時候	「開燈」、「關燈」
用餐時	「吃飯」、「坐好」、「嗯～好吃！」
換衣服時	「腳在哪裡？鏘鏘！找到腳了。」
換尿布時	「換尿布囉！」

洗澡時	「洗涮涮，肚子洗一洗，手也洗一洗， 臉也洗一洗。」
外出時	「穿鞋子。」
上學放學時	「那邊有樹」，「看到汽車了」
去買東西時	「這裡有香蕉」、「哇，看看花」

孩子在一次經驗或一種情況下只學到一點點也是很大的成果。只聽一次就學起來並不是完整的學習，必須反覆多次才會完整，這是語言學習必經的過程。例如孩子對開關門、關關燈很有興趣，就可以集中對孩子重複這些狀況的關鍵用語，隨著時間不知不覺地累積，有一天會發現驚人的發展。

每天1分鐘對話

利用孩子的反覆性

孩子只要迷上某樣東西，就會無限反覆，直到厭倦了爲止，這是最適合用來進行語言刺激的方法。在短時間內一再重複某個單詞，孩子會很容易記住。因此若發現孩子反覆做某些行爲，就可以順勢說出與該行爲有關的詞彙。利用感嘆詞或生動的描述引發孩子興趣，帶動更多的反覆。大人總是比孩子更早在反覆中感到無聊，但是要記住，對孩子來說，「反覆正是學習的機會」。

我的孩子現在在想什麼？

我家老大如果說「肚子餓」，通常都不是真的餓，而是他有特定想吃的東西。例如知道家裡有餅乾而他想吃，就會說「肚子餓」。類似的事經常發生，久了其實很容易察覺。不過難就難在剛開始看到孩子釋出的信號，父母如何「解讀」。如果每次都能心領神會，那育兒就容易多了，但現實並非如此。孩子到底為什麼哭？到底想要什麼？找不到答案的情況太多了。首先就來了解一下孩子有哪些想溝通的意圖吧。

有想要的物品／行動／人、拒絕、分享關注的事物、想找特定的人、吸引對方注意、打招呼、回答、提問、分享想法、好奇。

隨著孩子成長，表達意圖的方法很多。看到想要的東西，有的孩子會哭鬧或伸手想拿；有的孩子則會牽著媽媽的手，來回看著媽媽和那樣東西。拒絕時有的孩子是轉過頭去；有的孩子則是或哭或大叫。同樣的狀況，根據**每個孩子的溝通方式、個性、愛好、當下的狀態和經驗，表現意圖的方式也不同。因此父母必須根據孩子發出的「信號」，透過各種線索才能察覺他內心的「意圖」。**以下就介紹四個有助於察覺意圖的線索。

N.I.C.E

這四個線索簡稱為「N.I.C.E」。

N是指「非語言溝通」（Nonverbal communication）。**除了用語言表達外，也要注意觀察孩子使用的補充或追加的非語言表達。**利用他的視線看向哪裡、手伸向哪裡、表情和姿勢，都是很明顯的直接線索。

I是觀察孩子的興趣愛好（Interest）。要**留意孩子平時喜歡什麼東西、環境或模式，對什麼感到不舒服或不喜歡，有**

助於預測孩子的意圖。這些只有長時間與孩子共處的養育者最清楚。當然也可能必須經過多次嘗試錯誤才會得到答案，不過還是可以盡量活用孩子的興趣、愛好、喜歡的環境等線索來作為參考。

C 是指孩子當下的狀態（Current state）。**透過孩子的狀態，可以掌握溝通的根本理由。**孩子這也不要、那也不要，有可能是睏了、餓了、累了或不舒服，這時只有找到根本原因才能滿足需求。幫孩子把當下的狀態表達出來，是掌握孩子真正意圖並獲得共鳴的方法。

E 是孩子的經驗（Experience）。**想想過去孩子有什麼經驗是可以與現在狀況脈絡連結的。**這個時期的孩子最喜歡熟悉的事物，因此很可能以過去的經驗為基礎表達意識。

回到一開始，我家老大喊「肚子餓」時，我的反應是：「喔？不是才剛吃完飯嗎？」因為當下的狀態（C），應該不是真的餓，所以進一步想到其他線索。「孩子喜歡吃什麼？」回想孩子過去的經驗（E），「啊，昨天他看到家裡有餅乾。」因此解讀孩子的真正意圖為「想吃餅乾」。這樣就可以直接問：「你想吃餅乾是嗎？」孩子聽了眼睛一亮回答：「嗯！」但因為不是點心時間，所以可以向孩子說明：「我們今天已經吃了一個，明天再吃吧。」以下再列舉幾個例子。

情況1：孩子在超市裡哭了起來

N：哭鬧、跺腳、伸手。

I：喜歡草莓。

C：餓了，點心時間已經過去了。

E：上次來超市時，看到媽媽拿了一盒草莓放進購物車很開心。

解讀：因為想吃草莓，所以才會有那樣的反應。

情況2：今天比平常晚回到家，叫孩子趕緊去刷牙，結果孩子哭了，他不想刷牙嗎？

N：躺在地上哭鬧還說「不要！」

I：不想刷牙，想睡覺。

C：出去玩得很開心，回家時間晚了。孩子當然也累了，可是他還不會用語言表達「累了」。

E：平常都是吃完晚飯，玩了一會兒後才刷牙，然後上床睡覺，但是今天跟平常不一樣，一回到家就要他去刷牙，所以無法理解。應該讓孩子知道睡覺前要刷牙。

解讀：說出孩子心裡真正的想法：「你很累了，很想睡覺。」「睡覺前好好刷牙，不然會蛀牙啊。」接著說出孩子的意圖：「今天在外面玩得太累，快點刷完牙就上床睡覺。」

完全不知道意圖時該怎麼辦？

當然也會遇到完全不知道孩子意圖的時候。孩子還不會表達，父母也會覺得很無助，因為父母的本能就是想滿足孩子的需要。不過，要了解這也是孩子學習溝通必經的過程。以下就介紹幾個應對方法。

第一，反應是最有力的推測，即使不了解孩子的意圖也沒關係。例如看到孩子一邊看繪本一邊咿咿呀呀，即使聽不懂，也可以看看孩子正在看什麼內容，進行描述：「兔子跑過去了。」「小寶寶在睡覺。」一邊觀察孩子的反應。

第二，鼓勵孩子展示。如果不會用語言表達，就給孩子直接展示的機會。「在哪裡，你可以指給我看嗎？」「是哪一個？」讓孩子自己或拉著父母的手去指，然後再配合說明。

第三，回答後給予選擇權。對孩子的要求適當回答之後，提出可以實現的選擇權。「這樣啊，那A或B都可以，你要選哪一個？」

第四，坦率地說不知道。在孩子試圖表達想法但無法了解時，不要直接毫無反應地忽略，不如說：「對不起，媽媽不知道你在說什麼。」坦率地表達立場，不要草率結束對話。

第五，回答後轉移孩子的注意力。有時真的聽不懂孩子在表達什麼時，連一點線索也找不到，那就自然地轉移孩子的注意力。例如當孩子指著玩具咿咿呀呀，但完全不懂是什麼意思時，可以說：「這樣啊。哇，你看這個！」指指別的東西，吸引孩子的注意力。

第六，給予積極回應和鼓勵。有時，孩子比起想傳達的意圖，更需要的是父母的溫暖安慰。特別是在睏倦、疲累、不舒服時，父母只要擁抱和安慰，就能緩解溝通困難帶來的鬱悶。

每天1分鐘對話

細心領會內心

以下就來具體了解一下孩子的溝通方式，寫下孩子對各種意圖發出的信號。或許不會完全表達出來，根據不同時期，表達意圖的方法也會不同。所以想到什麼就填什麼，對孩子溝通方式的理解度一定會有幫助。

孩子的意圖	顯現意圖的方式
想要特定物品	哭、皺眉、肢體動作
想要特定行動	伸手
想要特定對象	
拒絕	
分享喜歡的事	
找尋特定對象	
轉移注意力	
打招呼	
回覆	
提問	
分享想法	
好奇	

語言刺激第二步

說出第一句話

喚醒孩子大腦和語言神經的話

說出看到、聽到、摸到的東西

孩子的詞彙能力是從什麼時候開始發展的？在還不會說話之前，其實就開始累積了。聽到父母用一貫的名稱叫著某個常常看到的對象，孩子會想：「媽媽總是叫那個會動的東西小狗，原來長那樣的就叫小狗啊。」開始把名稱和對象拼湊起來。後來再看到相似的另一個對象（貓、狼等），就會想「那個好像長得差不多……是小狗嗎？」會將形態相似的東西一致化，慢慢了解其中差異，然後就能更準確地理解對象，將單詞的意義具體化。

另一方面，孩子也會拿學習到的單詞與完全不同的對象相比較，例如動物和水果。「這個東西和小狗長得完全不一樣。媽媽叫這個東西『蘋果』，所以長這個樣子的就叫做蘋果啊！」**用根據物品不同形狀或形態賦予名稱的方式來學習**

詞彙。將相似的東西一致化，把不同的東西分開，察覺和理解其中細微的差異，慢慢地，學習詞彙的數量就會劇增。

像這樣，孩子就是靠著在日常生活中遇見各種對象、經歷來學習單詞，但同時也形成形態相似的東西之間會有相同名稱的偏見，稱為「形狀偏誤」（Shape bias）。形狀和形態是事物最明顯的特點，因此可以明顯區分，並讓人迅速掌握新的詞彙。隨著這些逐漸累積，孩子才能迎接之後的「語言爆發期」。

在語言發展初期，「線索」和「脈絡」比什麼都重要。以眼前看到對象的形態為線索，學習新的表達。這個時期孩子最關心的是眼前看到的事物，這才是最有效的語言刺激。尤其在學習全新的表達方式時，更需要展示在眼前。如果對著不知道「兔子」這個詞的孩子描述不在眼前的「兔子」，孩子怎麼樣都無法理解。但如果給孩子看兔子玩偶，並告訴他這叫「兔子」，孩子會一邊說「長這樣的叫兔子啊」，一邊把事物和詞彙連結起來。

另一方面，孩子的視野有時會混雜很多其他事物，這時孩子會容易混淆。例如媽媽說「兔子蹦蹦跳跳」時，孩子的眼前卻有兔子玩偶、書、球、椅子等很多東西，他不知道哪個是「兔子」。**線索不明的語言刺激是沒有意義的。**

有幾種方法可以將表達和事物適當地連接起來，幫助孩子理解。

第一，看孩子正在關注什麼就教什麼。例如孩子正在看大象的圖畫，就可以教孩子那是「大象」。

第二，**如果孩子沒有特別注意什麼，可以拿著要教孩子的目標物在面前輕輕晃動，吸引關注。**例如搖著奶瓶說「牛奶」、搖晃兔子玩偶說「兔子」。不能動的東西，例如牆上的畫或重物，就用手指著說。和孩子一起散步時，可以用手指著周圍的物品，像是「樹」、「雲」。孩子自然而然會跟著轉移視線，用耳朵聆聽並學習。

不僅是看，描述出孩子親身體驗或感受也是很好的語言刺激。剛出生的嬰兒就是透過感覺來探索世界與學習。透過視覺、聽覺、嗅覺等多種感官的感受，獲得世界上各種訊息。將感官的體驗與訊息連結起來，記住並理解世界。在感官中，最先發展的就是「觸感」。透過身體接觸，與父母形成愛的連結，獲得情緒上的穩定感。新生兒誕生後，父母一定都會和孩子玩觸覺遊戲，就是拉著孩子的小手去碰觸各種東西，讓嬰兒多體驗各種觸感是很重要的。

觸覺遊戲對大腦會產生積極的影響，而與大腦發育同樣重要的就是連接觸覺和經驗的語言刺激，有些父母會擔心這會不會妨礙孩子的觸覺體驗，其實相反，對孩子的體驗進行表達反而會幫助孩子更集中。觸感遊戲的好處是隨時隨地都可以進行。把冰涼的飲料瓶輕輕放在孩子的腿上說「哇，好冰喔」；讓孩子抱著柔軟的玩偶，跟孩子說「好軟」。在語言發展初期，比起複雜精巧的表達方式，不如用日常生活的經驗教孩子簡單又有意義的表達方式。在刺激語言的時候，利用表情、語氣和行動，提供豐富的線索。只要累積充分的經驗和理解，時候到了自然而然就會表達出來。以下就整理幾個觸覺和語言刺激的經驗範例。

目標表現	觸覺經驗	語言刺激
冰	・把冰涼的飲料瓶放在腿上 ・洗臉時把手浸入冷水中	「哇，好冰啊！」
燙	・輕輕碰觸裝著熱飲的杯子 ・放好洗澡水讓孩子用手試溫 ・父母用手摸鍋子之類的東西，假裝很燙的樣子，讓孩子知道那樣很危險	「啊，好燙！」

冷	· 天氣冷的時候外出 · 走到陽臺 · 把手放進冰箱裡	「好冷喔，冷得發抖了。」
熱	· 大熱天出門 · 從頭到腳都蓋厚厚的被子	「好熱！」
涼爽	· 夏天吹風扇或搧扇子	「眞涼快。」
柔軟	· 臉貼著柔軟的棉被或枕頭 · 抱著絨毛玩偶 · 摸柔軟的衣服 · 撫摸小狗的毛	「軟綿綿的，好舒服。」
滑	· 牽著手在溼漉漉的浴室或游泳池地板走路 · 摸溜滑梯 · 摸泡在水裡的海帶或麵條	「滑溜溜的。」
凹凸不平	· 坐車經過崎嶇不平的道路，身體晃動 · 摸著表面凹凸不平的玩具	「凹凹凸凸的，不平。」

每天1分鐘對話

告訴孩子食物的名稱

孩子知道多少食物的名稱？如果還不多，就先從孩子熟悉的食物開始累積語言刺激。若已經知道很多，就給孩子體驗新食物的機會，順便增加詞彙量。在準備食物時可以順便說「今天喝海帶湯」、「吃海帶湯吧」。或者把菜端上桌時說「這是媽媽的海帶湯、這是爸爸的海帶湯」，當孩子吃飯時問「海帶湯好喝嗎」、「還要不要喝海帶湯」吃完後，可以說「海帶湯都喝光了」、「海帶湯，掰掰」、「下次要不要再喝海帶湯」有很多種方式可以讓孩子認識食物的名稱。累積下來，總有一天孩子可以說出自己正在吃或吃過的食物。

給孩子指示

「很固執」、「不聽話」是前來諮商的父母經常用來形容自己孩子的話。不僅是韓國父母，美國父母也有類似的煩惱。「She's very stubborn.」（我女兒很固執）、「He's very lazy.」（我兒子很懶）等，看來不聽話的小孩真不少。身為語言發展專家，首先思考的是孩子真的是因為懶惰或固執而故意不聽話，還是理解和執行語言的能力不足。**先觀察孩子的接受性語言發展狀況，只要父母好好引導孩子的語言理解和執行能力，就能消除以為孩子固執或愛偷懶的誤會。**至於怎麼做，可以在日常生活中叫孩子幫忙跑腿。

父母有責任對孩子進行適當的訓育，也就是要教孩子什麼該做、什麼不該做，以及生活的規則和秩序。在孩子成長到能夠理解語言的時候就可以開始，配合孩子的發展程度，教導日常生活的秩序和規則。

9～12 個月的孩子可以從父母說「不行！」、「住手！」時感覺到聲音的差異而停止動作。到了週歲左右，可以在熟悉的脈絡下理解並遵循一句簡短的指示，例如「給我」、「走吧」、「放進去」等。兩歲時可以理解並遵循兩個階段的指示事項，例如「放下杯子去洗手」。**對這些指示事項的理解不僅有助於孩子吸收並執行生活秩序，日後上學也有助於遵循校規，也能幫助理解教科書的問題和文章。**

這裡所說的聽從指示並不是指孩子很聽話，而是培養聽、理解、反應語言的能力。第一步就是告訴孩子如何表達現在的行為。例如孩子看到媽媽拿著零食，媽媽對孩子說「過來」；當孩子想向媽媽展示某種東西時，媽媽說「給我」。父母可以在日常生活中觀察孩子感興趣的事物或行動，在適當的時機提出簡單的指示，就可以讓孩子累積對指示事項做出適當反應的經驗。**如果父母只讓孩子做他自己有興趣的事，將來很可能不願意聽從指令，而且無法累積對他人的話產生適當反應和執行的經驗。**

從這個角度出發，其實「遊戲」對培養孩子的接受性語言非常有益。在孩子的主導下進行互動，在遊戲過程中適時給孩子小小的指示。「請按一下」、「放進去」、「請給我一個積木」、「把杯子給爸爸」、「抱抱娃娃」、「把○○吃掉」、「讓恐龍睡覺」、「用叉子吃」、「洗草莓」、「把巧虎放進車子裡」等……不過，如果在遊戲中太頻繁地下達指示，孩子無法掌握遊戲的主導性，也很容易失去興趣。**在遊戲中要描述孩子的行為，父母偶爾也要遵循孩子的指示，自然而然地對話，不要失去遊戲本身的「快樂」。**

要讓孩子正確理解指示事項，就必須親自展示並給予幫助。透過手勢和動作提供線索，直接幫助孩子執行行動，以及正確理解語言的意思。說「過來」的同時，張開雙臂或輕輕拉著孩子的手引導他過來；要孩子把玩具放進桶子裡，可以自己先拿一個，一邊說「放進來」一邊示範，引導孩子學習各種表現和行動。

孩子熟練之後，可以慢慢減少線索和幫助，孩子也會發現自己能做的事情越來越多。剛開始父母帶著一起把垃圾丟進垃圾桶，後來用手指向垃圾桶就會丟，再熟悉一點，只要用說的，孩子也會照著做。

孩子理解語言並執行行動時，父母要給予積極的回應，讓孩子知道自己做得對，產生進一步溝通的動力。如果孩子把垃圾扔到垃圾桶裡，但父母都沒有反應，孩子就無法確定自己是否做得正確。不需要多麼誇張的稱讚，直接用語言表達，「把垃圾丟垃圾桶，真棒」或「做得好」、「做得對」，豎起大拇指、鼓掌等都可以。孩子如果感受到成就感，就會更願意重複那樣的行動。

每天1分鐘對話

幫忙洗衣服

洗衣服的時候有很多事可以讓孩子做，例如請孩子把髒衣服放進洗衣籃，「放進去」；把洗衣籃裡的衣服放進洗衣機，「放到裡面」；請孩子把洗衣機蓋上，「把蓋子蓋起來」。加洗衣精時，可以抱起孩子請孩子把洗衣精「倒進去」、「按一下按鈕」。洗完後說「洗好了」，打開洗衣機上蓋，請孩子幫忙把衣服「拿出來」、「抖一抖」，把衣服「給媽媽」。晾乾的衣服「掛在衣櫥裡」、「放進衣櫃裡」……有很多事可以一邊指示孩子幫忙，一邊告訴他正在做的事怎麼說。在豐富的語言刺激下積極參與家務，培養成就感和獨立心。

玩玩尋寶遊戲

孩子在找最愛的小熊娃娃。第一個媽媽只觀察孩子的眼神和行動，就知道他在找什麼，很快就幫忙找到娃娃拿給孩子。

第二位媽媽看到孩子正在找東西，先問：「找什麼呢？」孩子指著平時放小熊娃娃的地方說：「熊。」兩手張開搖搖頭表示不見了。媽媽說：「小熊娃娃啊？跑到哪裡去了呢？」一邊幫忙找。終於找到了，隨即拿給孩子。

第三位媽媽發現孩子正在找小熊娃娃，便問：「小熊娃娃在哪裡？」和孩子一起尋找。「不在床上」、「在床底下嗎」、「這裡也沒有」、「在遊戲室裡嗎」、「不在遊戲室」、「在包包裡嗎」、「找到了！在這裡。小熊娃娃！」

相同的情況，但**根據每位媽媽不同的反應，語言刺激的豐**

富程度也不一樣。差別在孩子是否可以有更深入思考、聆聽和表達語言的機會。無論在什麼情況下，都要盡量讓孩子多一點思考、表達、接受語言刺激的機會。在日常生活中，隨時都可以藉由尋找寶物製造類似的狀況。寶物可以是孩子喜歡的東西、現在需要的東西、新的東西。只要能引起孩子注意，賦予內在動機就好。

培養辨別力和解決問題的能力

「○○在哪裡？」當孩子開始會說話時，我常把這句話掛在嘴邊。這短短一句話就可以給予許多語言刺激。「○○在哪裡？」可以培養理解並回答問題的接受性語言能力。剛開始簡單地問：「在哪裡？」孩子會理解「是要我找東西」的意思，會找到目標物拿給父母。隨着詞彙量的累積，就可以準確指出熟悉的物品。簡單一句「○○在哪裡？」可以培養孩子辨別事物的能力，也就是從眼前的書和玩偶中準確找出特定目標的能力。

漸漸地，孩子可以在眼前各種玩具中挑出指定的玩偶，即使在其他房間，也能準確地找到玩偶。這種事物辨別力先建立好，日後對詞彙的理解度就會提高，能夠說出物品名稱，找到時就會說「找到〇〇了！」累積對多種詞彙的接受理解和表現力。

除此之外，像「有」與「沒有」、「是」與「不是」的概念，以及事物的名稱、身體詞彙、位置詞彙、場所等各種概念詞彙也會自然而然表達出來。還可以藉此培養解決問題的能力。從以單詞表達階段，到可以把不同單詞組合起來表達，必須了解許多詞彙。一般來說，大概累積到五十個左右的單詞，孩子就會嘗試組合單詞。因此，**在熟悉的工作脈絡中累積多元化的詞彙，是孩子的語言發展必須經歷的階段。**

就算父母早就知道東西在哪裡，也最好先裝作不知道。和孩子一起看書時，問孩子「書在哪裡」；孩子想喝水時，問他「水在哪裡」；刷牙時，問他「牙刷在哪裡」；幫孩子塗防晒乳時，問他「鼻子在哪裡」；散步時，問他「汽車在哪裡」讓孩子先想想日常生活中需要的東西，然後提供他們尋找並表達的機會。不要急著告訴孩子正確答案，應該一起充分體驗日常，比起「對，就是那個」、「是啊，就在這裡」的反應更好。

不要立刻給予幫助

在語言刺激的第一步中提到，可以活用孩子喜歡的東西來誘導手勢動作，在這裡，我們要以更多樣的方式運用孩子的「寶物」來誘導更精細的表達。觀察發掘孩子喜歡的食物、玩具、物品、人、行動、活動，或是現在對孩子很重要、很需要的東西，在日常的各種環境下，讓孩子學習自己表達。**父母可以在孩子身邊看著他，以「我準備好聽你說」的姿態等候，孩子會更容易對父母說話。**如果孩子還不知道該怎麼表達，父母可以為孩子塑形。

- 給孩子幾個像積木、拼圖、蠟筆之類等原本數量就多的玩具或小零食，等孩子表達要求，誘導孩子說：「還要」、「再給一個」、「請給我」、「給我藍色的積木」等話。
- 把孩子喜歡的零食放在拿不到的地方，誘導孩子說：「糖糖」、「米餅」、「我要吃香蕉」等話。
- 和孩子一起玩，玩到一半突然停止，誘導孩子說：「再來」、「還要玩」、「再來一次」等話。

- 不打開包裝。例如把糖果裝在有蓋的罐子裡，整罐拿給孩子，誘導孩子說：「幫我打開」、「幫我拿」等話。
- 利用孩子的推車，不要主動幫孩子上下車，而是誘導他說：「我要下去」、「抱我下去」、「我想坐」、「抱我上去」等話。
- 孩子想拿重物時不要主動幫忙，誘導他說：「好重」、「請幫我」等話。
- 東西故障了不要馬上修好，誘導孩子說：「幫我看看」、「幫我修」等話。
- 玩盪鞦韆時推一、二下就好，待鞦韆自動停下來，誘導孩子說：「再幫我推」。
- 讓孩子自己玩需要組合的玩具，例如模型，誘導孩子說：「幫我」、「幫我做這個」。
- 關閉玩具電源，誘導孩子說：「幫我打開」、「請打開」等話。
- 吃飯時直接把食物夾到孩子碗中，誘導孩子說：「太大了」、「幫我切（剪）小一點」等話。
- 吃東西時先不要給孩子餐具，誘導孩子說：「請給我叉子」、「叉子在哪裡」等話。

- 進房間時不要馬上開燈，誘導孩子說：「好黑」、「請開燈」等話。
- 洗澡時進浴室不要先打開水龍頭，誘導孩子說：「沒有水」、「幫我放水」等話。

提出能擴大表達力的選擇性問題

一到兩歲的孩子已經可以從兩種選擇中選出自己想要的，因此，利用有選擇的提問，對促進孩子的語言發展很有幫助。

這個方式首先要讓孩子具有一些單詞的基礎，才能具體回答。例如問孩子「想吃什麼」，孩子得先理解問題，認知到自己現在想吃什麼、那個食物的名稱是什麼、要怎麼說，再用自己的聲音說出來，這整個過程非常複雜。但如果換成「要吃草莓還是香蕉」這種二選一的提問方式，孩子可以從提問中聽到單詞的音韻和意義做為回答的根據，這樣就比較容易。對於如何選擇還不是很明確的孩子，在提問時，可以將孩子會比較喜歡的選項放在最後，提示孩子「就選你喜歡的」。之後再提問時可以逐漸改變選項的順序，讓孩子熟悉如何選擇自己想要的。初期如果能在提問的同時指出選項讓孩子看到，那又更容易理解和回答了。

「想吃什麼？」→「香蕉？還是草莓？」
「要玩什麼？」→「玩偶？還是汽車？」
「想去哪裡？」→「遊樂園？還是圖書館？」

給予選擇權的問題之所以有效果，是因為可以擴大孩子的表達力。例如孩子只說了「積木」，父母可以再問：「你想玩積木嗎？要大積木還是小積木？」「藍色還是黃色？」「要做成大樓還是火車？」

「想玩積木嗎？」→「大積木？小積木？」
「要吃蘋果嗎？」→「要切？還是直接吃？」
「球！」→「踢過去？還是丟過去？」

給予選擇權的問題還有一個附加效果，就是培養孩子的自律性。嬰幼兒會從自我主導和控制局面中獲得自尊心並增加效率，了解日常生活中必須遵循各種規則和秩序。要刷牙、換衣服、洗手、自己穿鞋。比起單純的指示，不如活用選擇的方式。「你要先刷牙？還是先換衣服？」「今天要穿紅色的鞋子？還是藍色的？」「今天想慢慢散步去學校？還是蹦蹦跳跳快一點到學校呢？」在允許的範圍內給予選項，讓孩子有一定程度的主導權，他們也會萌生相信自己能夠做到的力量。

「去刷牙。」→「你要先刷牙？還是先換衣服？」

「穿鞋子。」→「要穿紅色的鞋子？還是藍色的？」

「回家吧。」→「你想像兔子一樣蹦蹦跳跳快點回家？還是像企鵝一樣搖搖擺擺慢慢走回家？」

孩子無法馬上回應也沒關係。透過確認意圖的問題，聽到包含自己意圖的表達（即選項），孩子會從中獲得模仿的機會，自然能累積語言能力和經驗。日後有機會，孩子就會模仿父母的提問方式，然後逐漸發展出自發性的表達。

每天1分鐘對話

利用孩子對吃的愛好引導開口說話

孩子都愛吃，尤其是點心、零食，而且喜好分明，每個孩子都準確地知道自己最喜歡吃什麼、不喜歡吃什麼，父母可以利用這種特性誘導進行語言刺激。首先當然要明確知道孩子喜歡什麼、不喜歡什麼，再提出來讓孩子選擇。「今天的點心想吃什麼？麵包？還是橘子？」平時比起麵包更喜歡橘子的孩子自然會選擇橘子，然後父母再把橘子拿到面前，並提出確認意圖的問題：「橘子嗎？」

這時有的孩子可能會試圖模仿發出「橘」的聲音，有的會用手指或想抓住。不管哪一種表達，都是回答：「對，我想吃橘子。」那麼父母就點點頭說：「橘子給你。」這樣就是幫孩子的回答進行塑形。有時可以變化一下，故意給孩子不喜歡的。「麵包嗎？」確認意圖，孩子可能會搖頭或「嗯～」開始耍賴，這時就可以藉機引導孩子說「不是！」

無限反覆同樣的表達方式

孩子透過反覆來學習認識這個世界，有效掌握語言。在日常生活中集中語言反覆有兩種方法。第一，在特定情況下用多種表達方法反覆。例如和孩子玩球時說：「球」、「把球給我」、「丟球」、「球在哪裡」、「 球在這裡」等，用各種方式表達「球」。孩子在同樣場合下連續反覆地聽到有關「球」的各種說法，就能有效記憶和學習。

第二，再以「球」為例，可以套用在各種不同形式中反覆。孩子在玩的過程中知道了「球」這個字，接下來就可以一起讀關於「球」的故事書、可以一起聽有「球」的歌曲、也可以談論像「球」一樣形狀的物品。每天玩球時反覆聽到已經很有效果了，再透過其他分支脈絡和情況認識各種應用表達，更可以加速語言發展。

即使孩子沒有說出來，但只要他有專注在聽的表現，父母還是可以反覆說，讓孩子熟悉。**和孩子互動時，如果不太能進入狀況或發現新的表達方式，可以用各種具有關聯的句子集中反覆。**

剛開始孩子多半只會說一個字或單詞，就可以利用那個單詞延伸出各種短句子，引導學習組合單詞。例如孩子說「草莓」，父母可以回應「草莓」（模仿）、「吃草莓」、「○○吃草莓」、「媽媽也吃草莓」、「還要草莓嗎」、「草莓在哪裡」等。

其中，關於動詞的反覆，可以利用「前、中、後，集中反覆」的方法。也就是在做特定行為「前」（要做○○？）、行為「中」（在做○○）、完成行為「後」（○○做好了）都不斷反覆特定詞彙。不過不是每次都要反覆，可以根據情況在適當的時機說出單詞就好。

我家老二有一陣子很喜歡開關門，只要他走向門，我就知道他又想玩開關門遊戲了。我會先說：「要關門了。」在孩子關門時再說：「關門。」門關上後對孩子說：「門關起來了。」

如果還不會叫「媽媽」、「爸爸」

我曾遇到很多父母，因為孩子週歲生日都過很久了還不會說「媽媽」、「爸爸」而苦惱。並非每個孩子的第一句話一定是「媽媽」或「爸爸」，但這兩個單詞對家長來說意義重大。若想引導孩子開口說，就要在日常生活中每天重複同樣的事。

- 每次媽媽下班回家都會說：「媽媽回來了！」
- 只要爸爸從房間出來就說：「是爸爸！」
- 爸爸帶小孩去找媽媽，說：「我們去找媽媽。」「媽媽！」
- 看著家人的照片問：「媽媽在哪裡？媽媽！」
- 看著手機照片一邊問：「爸爸在哪裡？爸爸！」
- 孩子伸手找媽媽時，說：「媽媽在這裡。」
- 用被子遮住臉，問：「爸爸在哪裡？」再打開說：「爸爸在這裡！」
- 全家人一起玩捉迷藏，問：「媽媽在哪裡？媽媽！」

每天1分鐘對話

同一本書反覆讀好幾次

孩子若能同一本書讀越多次，學習能力就越強。反覆閱讀不僅能提高對書籍內容的理解，還能切實掌握詞彙，而且在日常生活中學以致用的能力也會提高。有些人會擔心持續看同一本書，可能會限制孩子的學習範圍。但其實這樣孩子會在不知不覺中一直反覆，直到充分學會了新的詞彙、表達方式和理解故事內容爲止。所以父母可以鼓勵孩子反覆看同一本書、玩同樣的遊戲。另外可以在遊戲空間或書架等容易被孩子注意到的地方、觸手可及之處放幾本書，讓孩子有選擇。同一本書看的次數多了興趣也就淡了，這時孩子就會伸手去拿另一本書。

在孩子的話中加上其他的話

假如今天和孩子一起去散步，看到路邊華麗的聖誕樹，孩子張大了嘴說：「哇～」父母跟著也說：「哇～」這會讓孩子更確信爸爸媽媽和自己有同樣的感受，於是會更興奮地指著聖誕節上的裝飾說：「嗚哇～」而這次，父母可以加一點：「嗚哇～有雪人！」孩子剛開始聽到也許不會有什麼回應，但同樣的話重複幾次，不知不覺間，孩子也會跟著說：「嗚哇～雪人！」

剛開始只會說一個單詞的孩子，該如何有效擴展他的詞彙量呢？就是當孩子說話時，不只附和，還可以加上一兩個單詞回應。單詞表達的下一步是就是單詞組合。以玩扮家家酒為例，孩子不可能一開始就會拿著玩具食物說：「媽媽，吃。」「媽媽，吃草莓！」這是從一開始拿食物湊到媽媽嘴前，再加上吃的口部動作，重複多次後，才會把「媽媽」和「吃」組合起來而表達出「媽媽，吃」的意思。

用心觀察孩子的家長，會從孩子遊戲中的行為掌握意圖，可以知道即便孩子只說了「媽媽」，但心裡所想的是「媽媽，吃草莓」的意思。那要如何引導孩子說出來呢？要循序漸近，在孩子已經會說的話當中加一點新的詞彙，慢慢加長句子，擴展孩子的表達方式。

「媽媽」→「吃」→「媽媽，吃」→「媽媽，吃草莓」

如果是孩子很熟悉的詞，就可以把兩三個加在一起。例如孩子已經很熟悉單獨說出「媽媽」、「吃」、「草莓」這些單詞，那麼當孩子喊「媽媽」時，可以回應：「媽媽，吃草莓。」雖然孩子還無法獨自完成，但有了父母的塑形，孩子就可以模仿。當然，並不是說孩子的所有表達都只用兩、三句話回應就好，但**對於孩子主動做出表達時，以添加單詞的方式回應，讓孩子有模仿的機會，就能有效擴大孩子的表達能力。**

特別是孩子若說出名詞，就可以進行較多樣的組合。例如孩子說「蘋果」，那只要將蘋果加上動詞，就能完成一個句子。「吃蘋果」、「給我蘋果」、「削蘋果」、「我切蘋果」等。名詞也可以加上名詞，例如「媽媽的蘋果」。更進一步像「媽媽吃蘋果」，就可以表現出有行為對象的句型。除此之外，還可以加上各種修飾詞進行組合，「沒有蘋果」、「大蘋果」、「紅蘋果」、「好多蘋果」、「蘋果好吃」、「你好啊，蘋果」、「不是蘋果」、「討厭蘋果」等等。若孩子說的是像「吃」、「沒有」、「大」等非名詞的單詞，仍然可以加上名詞或各種修飾語進行組合。

在單詞組合時期，經常會同時出現簡單的助詞或語助詞，例如「～的」、「～也」、「～啊」、「～吧」。為了將單詞組合表現為有意義的句子，可以加入助詞或語助詞，例如：「是蘋果耶」、「蘋果啊」、「媽媽吃吧」、「你也是蘋果」等。**在這個階段不用為了讓孩子容易模仿而刻意縮短句子，正確、自然的表達反而對孩子比較好。**

孩子對自己說出口的話，聽到了回應，會自己修正、學習，然後模仿，使用更豐富的表現。但是不需要把孩子每次說話都當作必須擴張表達的例行公事，孩子是否每天對於自己的意識表達都能得到回應，與父母有互動，這才是最重要的經驗。

不要用強迫的方式要求孩子說話或做其他表達，有意義的溝通比較重要，這樣孩子自然會自己學習並掌握語言。

保持溝通的均衡

遵守和孩子溝通的順序也很重要，孩子說一句話，父母回十句話就不是很恰當的溝通。

孩子：「蘋果！」

媽媽：「是蘋果啊。紅蘋果。媽媽的蘋果在這裡、爸爸的蘋果也在這裡。要吃蘋果嗎？媽媽幫你削蘋果吧。」

孩子說一句，父母回應一兩句即可。

孩子：「蘋果！」

媽媽：「是蘋果啊，要吃蘋果嗎？」

孩子：「吃蘋果。」

媽媽：「吃蘋果吧～大蘋果？還是小蘋果？」

孩子：「大～蘋果！」

媽媽：「好，我幫你削個大蘋果。」

有些人話匣子一開就停不了，不讓對方有說話的機會，即使對方有話要說，也很難插嘴，最後變成像演講一樣的單方面發言。**良好的對話應該是當我說話時會看著對方的眼睛，給對方充分思考和回答的空間，當對方說話時真誠傾聽、共鳴及回應，這樣才是讓人舒服的對話。**

即使孩子還不太會表達、話也不多，但父母仍然應該配合孩子的速度舒適自然地對話。看著孩子的眼睛，適時提示孩子表達，冷靜等待並傾聽孩子的話，再用孩子能夠理解的簡短句子表達共鳴和回應。

對話時的互動就像打桌球，不能只是單方面的發球，另一方也要回擊，兩邊都要接球和發球，這樣才能進行下去。當孩子先發聲時，父母就用溫暖真誠的話語接受孩子的表達，這也是幫助孩子接受父母的回應，讓彼此的接發球可以延續下去，並保持均衡相互作用。

每天1分鐘對話

利用散步的時候擴張表達力

和孩子一起散步是可以發現許多新奇事物的好機會。只要出門，孩子通常都會興高采烈，而父母可以與孩子共同發掘周圍環境中的有趣因素，引導孩子自然的開口說。

「哇～是花耶」、「哇，你看那個」、「是公車」、「有小狗」等，利用散步或接送孩子的時間對話，成爲一種習慣，那麼孩子也會在某個瞬間自然而然表達分享他認爲有趣的事物，例如「公車」、「樹」、「學校」等單詞。這種時候父母就可以趁機在孩子的話中再加入一兩句話擴大表達，「公車開走了」、「是黃色的公車」、「看見樹了」、「學校，掰掰」。

「阿東」會變成「阿公」嗎？

我家老二 15 個月大的時候常把「襪子」（韓文發音「yang-mal」）發音發為「ma-me」。不管我說多少次正確的發音，他還是會說成「ma-me」。但是我沒有放棄，每當孩子說「ma-me」時，我就會柔聲說「襪子」（yang-mal）。過了幾個月，「ma-me」的發音變成了「yan-me」，這樣持續了一段時間，孩子自己不斷調整發音，一直到滿兩歲時，發音幾乎已經近似正確的「襪子」發音了。如果我一開始就以命令的語氣糾正「不是『ma-me』，是『yang-mal』！」孩子只會記得自己發音不對，而且這種意識會一直累積，進而沒有信心再嘗試。另一方面，如果順著孩子的話也說「ma-me」，這樣長久下來，孩子會離正確發音越來越遠。

的確很多父母都擔心孩子的發音，怕孩子用完全不同的方法發音，或是某些特定的音就是無法好好發聲。**驅動嘴部的小肌肉，發出各種聲音，再連接起來成為有意義的字詞，這並不是簡單的工作。**就像學樂器一樣，為了讓樂器發出各種音符，上下顎要移動、嘴唇要動作、舌頭的位置、聲帶要打開，還有腹式呼吸等許多細節都要同時注意，然後迅速地與下一個音連結。剛開始難免會有些困難，唯有透過無數練習和經驗，才能逐漸發出正確的聲音。

孩子的發展模式大都是類似的，在開口說話的初期，主要從一個音節的聲音（ㄇㄚ、ㄅㄚ等），或相同、相似重複出現的音（ㄚㄚ、ㄇㄚㄇㄚ、ㄅㄚㄅㄚ等）開始。兩歲以後的孩子有能力可以組合單詞甚至造成句子，並有很多自己的想法。雖然學界看法不一，但大致上都認同會先發出韻母（ㄧㄨㄩ），隨著詞彙和表現力的增加，也會出現句子。

孩子的發音隨著成長會越來越清晰，通常 19～24 個月清晰度約為 25～50%、2～3 歲為 50～75%、4～5 歲 75～90%、滿 5 歲差不多就接近 100%。一般來說，不需要特別教導，孩子的發音會自然漸入佳境。不一定非要用發音較簡單的詞彙表達，如果孩子對難發音的字有興趣，就自然地讓孩子嘗試也沒關係。孩子如果能早點累積正確發音的經驗，就可以防止不成熟的發音固定化。下面介紹幾個可以在家中幫助改善孩子發音的方法。

- 姿勢：與孩子對話時，盡量與孩子平視，彼此都可以準確看到嘴型及嘴部動作。
- 嘴型大一點：和孩子對話時，嘴型可以稍大一點，讓孩子看清楚發出這個聲音時嘴巴是怎麼動的。自然地使用嘴部肌肉，不要讓孩子覺得太難而卻步。
- 強調：發現孩子某個音比較難發出來時，可以加強發音，拉長一點、更清晰一些。讓孩子準確聽到聲音，增加大腦處理的時間。
- 再說一遍：孩子發音不準確時，應用正確的發音和「共鳴的語氣」再說一遍。例如孩子說：「ㄅㄤㄇㄚˇ！」可以回應：「啊～是斑馬。」
- 反覆：練習越多，發音就越準確。父母可以透過各種多樣化的文句或狀況，創造孩子使用發音較難單詞的機會，也會有幫助。

不過，學習這件事，還是交給孩子吧。親子對話不是單方面的教導，而是有意義的對話，才能產生積極的動機。比起直接指出孩子發音不正確要求修改，父母更應該幫助孩子察覺發音的差異並自行進行修正的「機會」和「環境」。不過如果發現孩子在發音方面遲緩狀況較嚴重，還是建議盡早尋求專家的協助。

每天1分鐘對話

鏡子遊戲

在鏡子面前對話，孩子可以觀察自己和父母嘴型的差異。運用遊戲的方式，提高孩子的參與感。例如拿一些有各種物品的畫卡（也可以用照片或自己畫）。把畫卡隨意反貼在鏡子上，中間留下空間，以便看到孩子和家長的臉。然後挑一張畫卡拿起來，一邊說「鏘鏘～」一邊看著鏡子反射出卡片上的圖案一起說出答案。例如卡片上畫了「玩偶」，就跟孩子一起看著鏡子說「玩偶」。如果孩子無法完全跟上也沒關係，就當作是個有趣的遊戲，自然地說出來，對孩子就是很好的刺激。

語言刺激第三步

可以組合單詞的時期

用對話讓孩子領略溝通的樂趣

利用吃飯洗澡睡覺時擴大表現力

當孩子的語言發展進入組合單詞的階段，會以自己熟悉、知道怎麼發音的表達方式為基礎。因此，**利用每天日常生活中會做的事，從孩子熟悉的單詞中擴展語言是非常有效的。**以下介紹兩個簡單的方法。

首先是從日常中找一個最核心的單詞形塑成多種組合。例如吃飯時間最核心的單詞應該是「吃」，那就可以在吃飯時把「吃」和各種食物結合，像「吃飯了，好吃。」「吃紅蘿蔔，好吃。」「吃魚，好吃。」

全家人圍坐在一起吃飯時，大家輪流說：「小志吃紅蘿蔔。」「媽媽吃紅蘿蔔。」「姊姊吃紅蘿蔔。」「爸爸吃紅蘿蔔。」在各種日常活動中，可以參考以下的單詞組合。

- 洗澡時間：「洗洗手、洗洗臉、洗洗肚子……」（洗的動作）；「哇！臉乾淨了！肚子也乾淨！手也乾淨了！」
- 洗好之後：「肚子擦乾、臉擦乾、手也擦乾。」（擦的動作）。「臉擦擦乳液、背也擦擦乳液、腳也擦擦乳液。」
- 點心時間：「打開蓋子，把蓋子蓋起來。」（打開／蓋上）。「媽媽喝水，〇〇也喝水。」
- 換衣服時：「穿上衣、穿褲子。」（穿的動作）。「穿襪子，穿好了！」
- 往返幼兒園和家之間時：「媽媽看到花，還有看到樹！〇〇呢？」（四處看）。「小花，你好！小樹，你好！小狗，你好！還有呢？」（問候）
- 就寢時間：「牙刷晚安、娃娃晚安，枕頭晚安，被子晚安。爸爸晚安。」

第二，是給孩子單詞組合的選擇權。不是像前面提到的「草莓？還是香蕉？」這樣單一的表達，而是「你要吃草莓？還是吃香蕉？」用這樣的單詞組合讓孩子選擇，孩子可能就會跟著回答：「我想吃草莓。」而非只是「草莓」。

利用跟吃有關的情境會很有效。可以把孩子喜歡的食物跟「吃」、「喝」、「切」、「剝」等簡單的動詞組合在一起。「要喝水嗎？要喝牛奶嗎？」「要切了再吃？還是直接吃？」「要幫你剝香蕉嗎？還是不要？」另外像在換衣服時，也可以把顏色或衣服的種類組合提問讓孩子選擇。「要穿紅色的褲子嗎？還是藍色的褲子？」「要穿長袖？還是短袖？」在選擇玩具時，可以問：「要玩拼圖？還是想畫畫？」或是「要玩踢球？還是丟球？」在日常生活中隨時可以視情況提問，給孩子選擇權，讓他們可以自主決定意向，並模仿用擴張的表達方式回答。

如果問孩子「你想喝水？還是想喝牛奶？」孩子仍用單詞「牛奶」回答，父母只要再幫孩子塑形即可，即「你要喝牛奶啊～」孩子必須要聽到充分的語言經驗，才會自己用單詞組合來表達。

把常規變成歌曲

把日常生活的常規轉換成歌曲也是很好的方式，不只有趣，還可以開發孩子大腦中有效記憶和利用特定語言表達的新途徑。這一點也不難，可以利用孩子耳熟能詳的旋律改編，當然也可以自己創造。要注意的是必須根據孩子的發展，使用容易理解且可以跟著唱的簡短表達方式，反覆地唱，就連平常覺得很難的事也會變有趣。

我家兩個孩子小時候一到刷牙時間就躲得遠遠的，只要把牙刷放到嘴裡就會發出怪叫聲。所以後來我創作了一首〈刷牙歌〉，一邊唱，一邊慢慢把牙刷拿到孩子嘴邊，孩子反應就不會那麼激動，比較願意配合。對孩子來說，刷牙不再是可怕的事，而是有趣且愉快的時間，逐漸累積正面的經驗。如果你的孩子很重視一貫性，那麼每次都要維持一定的順序和唱歌的次數，孩子就可以預想什麼時候會結束，也會比較樂於合作。

- 洗臉時唱：「我的臉像蘋果，眼睛在哪裡？這裡！」
- 刷牙時唱：「刷牙、刷牙，左刷刷、右刷刷。」

- 吃完飯擦手擦嘴時唱：「擦擦手、擦擦手；擦擦嘴、擦擦嘴；擦擦手、擦擦手。擦擦擦。」
- 穿鞋時唱：「穿鞋子、穿鞋子，穿上鞋子出去吧。」
- 洗澡時唱（可以套用〈baby shark〉的旋律）：「洗頭，抓抓抓抓抓！」

和前面提到的重點一樣，當孩子熟悉在做某件事時會唱歌之後，家長可以唱到一半，在重要的關鍵字前暫停，等待孩子接唱，營造更豐富的互動。

每天1分鐘對話

角色遊戲

在語言刺激的第二步，組合單詞的時期，孩子的遊戲發展會更多樣。孩子會用一個單詞表達像是假裝吃東西或打電話等，使用一種工具的單純行動。到了第三步，就會重現自己在日常生活中經歷過的狀況，開始會連接一種以上的行動，例如把食物放在碗裡拿給媽媽吃，或者假裝餵玩偶吃。還會模仿媽媽平時做飯或打掃的樣子。在這樣的遊戲形式中，一邊扮演實際日常中的角色模仿行動，一邊增強自己的表達技巧。

- 扮家家酒遊戲中扮演照顧者，「娃娃晚安」、「娃娃好嗎」、「娃娃坐下」、「娃娃吃飯」、「娃娃洗澡」。
- 玩廚房遊戲中扮演料理者的角色，「媽媽的杯子、小熊的杯子、〇〇的杯子！」、「在鍋子裡放肉、洋蔥、紅蘿蔔。」
- 玩打掃遊戲扮演媽媽，「擦桌子」、「擦椅子」、「擦地板」。

用話語表達動作，句型就會變得簡單

一般來說，孩子學習說話時會以名詞為主，而非動詞。大概從 18 個月開始，會出現少數反覆使用的詞語模式，隨著詞語的累積和單詞組合，大概從兩歲開始，才會加入比較多動詞，在應用上也變得更多樣化，可以使用多種動詞來創造更完整的句子型態，這與語法發展也有密切的關係。因此，在這個時期積極刺激動詞的使用可以促進語言持續發展。

尋找孩子理解並喜歡的動作

首先，在孩子的日常生活中，可以找出孩子、媽媽、爸爸經常做的行為。若孩子對經常接觸的動作已有認知，那麼父母在孩子動作的同時加上口語就可以讓孩子學習新的表達方式。**研究發現，比起被動觀察動作，孩子在自己做動作時更能有效掌握動詞的運用，這比從圖卡學習或觀察活動更有效。**

假設孩子喜歡汽車，那麼在玩汽車時使用「搭乘」、「駕駛」、「停車」、「上車」、「下車」、「進去」、「出來」這些動詞，孩子聽了會產生興趣。帶孩子外出也是很好的機會，例如搭電梯時「按」樓層、電梯「上樓」、「下樓」，還有像「牽」手、「開／關」門、「出去」、「經過」、「開車」等，會用到的動詞比想像中更多。以下再補充一些不同情況可以使用的動詞。

- 用餐時：吃、喝、擦、給、裝、拿出來、放下
- 洗澡時：洗、刷、進去、出來、打開、關掉
- 點心時間：吃、喝、打開、關上、丟掉
- 遊戲時：去、來、玩、做、看、坐、推、放、走路、跑步、修理

在孩子行動的瞬間以口語表達

孩子行動的同時，可以趁機進行動詞塑形。學習動詞比名詞困難，因為名詞會一直出現在眼前，但動詞在動作結束後就會消失。因此根據動詞的類型，使用的有效時機也不同。例如「走」、「吃」最好在進行前或進行的同時塑形；「折斷」、「掉落」就適合在動作結束後塑形。所以**父母要留心觀察，在孩子行動前、行動中、行動後找到最合適的時機說出來，孩子就會在不知不覺中吸收、累積，某天就會自然而然表現出來。**

- 打開瓶蓋前說：「要幫你打開嗎？」
- 在孩子扔球前說：「扔吧！」
- 拿出一包餅乾，在吃之前說：「要幫你打開嗎？」
- 喝水時說：「喝水」。
- 當孩子隨著歌曲擺動身體時說：「○○跳舞！」
- 幫孩子修理壞掉的玩具時說：「現在幫你修理。」
- 在行動完成後說：「做好了！」「擦過了！」

提供線索

為了讓孩子正確理解動詞的意思，父母可以提供各種線索。例如一起做動作，不管是手勢或肢體表達。在遊樂場遊玩時說「我們上去吧」，然後直接示範如何爬上遊樂器材。孩子除了跟隨動作，也會從聽到的句子推斷動詞的意思。透過最能說明特定動詞意義的各種句型，反覆說出那個動詞，對孩子學習動詞會很有幫助。

在各種情況下製造趣味的反覆

同一個動詞可以在各種情況下靈活使用，這樣孩子學習也會更有效果。最方便的方法是利用書和遊戲，在書中發現有意義且熟悉的動詞，就可以想想如何運用在日常生活中，遊戲時也可以說出來。

我家老大有一段時間很喜歡《三隻小豬》的故事，我們一起看了好幾遍，他從故事中學到了「倒塌」這個動詞的意義和運用方式。玩積木時會說「積木倒塌了」，睡前會假裝棉被是房子而鑽進去，再掀開棉被說「房子倒塌了！」日常生活中使用的動詞每天都會反覆很多次，而書中出現的陌生動詞若能套用在生活和遊戲中，就能讓孩子聽到更多口語表達，也能提高孩子學習使用的興趣。

每天1分鐘對話

在遊樂場可以展現的動作

孩子最喜歡到遊樂場玩了，在這裡也有很多適用的動詞提供給大家。

- 玩溜滑梯時，孩子一邊爬樓梯，一邊對他說：「上去吧！」
- 順著溜滑梯往下溜時，對孩子說：「溜下去了，喔耶！」
- 盪鞦韆時請孩子對媽媽說：「幫我推。」「停下來。」
- 坐旋轉盤時請孩子對媽媽說：「幫我轉！」
- 騎乘搖搖木馬時，對孩子說：「上去吧。」
- 當孩子握住把手時，對他說：「握好把手。」「要握緊喔。」
- 從樓梯上往地板跳之前，對孩子說：「跳下去！」

「Jump！」

- 鑽隧道時，對孩子說：「進去吧。」「出來了！」
- 和其他小朋友一起玩捉迷藏時，對孩子說：「快去抓○○。」「快跑！快跑！」
- 看孩子跑得太快擔心會跌倒時，對孩子說：「跑慢一點！」「用走的。」

告訴孩子如何用說的代替耍賴

本來玩得好好的孩子，不知哪裡不如意，突然就生氣丟玩具。這時大部分父母會嚴厲地說：「不可以丟玩具！」但孩子的反應是更生氣，甚至躺在地上開始大聲哭鬧耍賴。像往常一樣幫孩子打開餅乾包裝，孩子突然大喊：「給我！給我！」想要自己打開。但讓孩子試了一下，發現打不開就不開心、發脾氣。在這些情況之下，父母應該如何應對？

當孩子開始組合單詞時，不只語言能力，認知能力也會大幅提高，會有自己的想法，能做和想做的事情也變多了。隨著「自我」的形成，開始出現與父母不同的想法，什麼都想自己嘗試，開始拒絕父母的幫助。這是必經的過程，孩子會從中學習到自己能做什麼、有什麼需要別人幫助，培養解決問題的能力，並提升自信及自尊感。

與什麼都想自己來的欲望相比，事實上能力遠遠不及，所以會經歷很多失敗，於是孩子開始表現出憤怒和煩躁。這個時期的孩子還不清楚這種巨大的情緒到底是什麼，為什麼會產生這種情緒，也不知道該如何應對。只能把大腦傳達的訊息用身體和行動表現出來。

孩子本能表現出激烈的反應，父母也會感到不安，會覺得應該盡快解決問題，安撫孩子的情緒。當孩子用「不要！」「不是！」「這是我的！」「不行！」等負面表達時，父母會擔心孩子養成壞習慣或對別人不禮貌，所以會急著想糾正孩子。但事實上，上述心態和表達方式是這個時期孩子必經的過程。因為他們的喜歡和不喜歡變得明確，並認知到自己也有與他人不同的想法和欲望。對自己想要的事物或行動會提出要求，同時也會拒絕或抵抗自己不願意的事。這種意識溝通的多樣化，正顯示孩子的語言表達能力正在急速發展，只是伴隨著大喊大叫，甚至其他過於激烈的行動。

調節情緒最有力的工具就是「語言」。提供符合孩子情緒及想法的表達工具，就能緩解他們的情緒。即使孩子不會馬上跟著說出口，父母仍要不斷反覆，以幫助孩子學習用語言表達，而非肢體動作。教孩子冷靜地說：「不要！」「不是！」「這是我的！」「不行！」取代一不開心就發脾氣或其他激烈行動。**最重要的是尊重孩子的感受，這樣孩子才能培養共鳴能力和同理心，理解每個人都有心情好和不好的時候，學習尊重他人珍視的物品和時間。**隨著成長，孩子就會逐漸學會關懷他人，三思而後行。

這個時期孩子的「不要！」「不行！」延伸的意思可能是「我覺得這個東西不好吃。」「這個壞掉了我會很難過。」「我覺得不太舒服。」

「不是！」「這是我的！」延伸的意思可能是「我還要用。」「我想多玩一下再給你。」「我先來的。」「我先用完再給你。」等。

孩子對自己的需求和想法還不明確，但在得到共鳴時，會不自覺培養出主動解決問題的力量。比起疾言厲色地責備「不可以丟東西！」當孩子聽到的是理解自己的「原來你不喜歡那樣啊！」這種表達時，也會理性地做好尋找解決辦法的心理準備。但並不是要父母無條件接受孩子耍賴的表現或允許錯誤行為，只是**在這種情況下，比起不能亂丟玩具，孩子更需要學會的是當事情不如己願時的處理方法，可以開口尋求幫助，或自己尋找解決的方法。**這才是父母應該教給孩子的東西。下面就來看看如何理解孩子感到煩躁或情緒激動時內心經歷的過程。

- 為什麼：想想孩子為什麼會發脾氣。找到煩躁的根源，就能理解孩子的心情，給予適當的幫助。
- 說什麼：試想孩子在這種情況下能說些什麼。「如果孩子可以用口語表達自己的想法，他會說什麼？」當你有了答案，就可以幫孩子塑形。再用理解與共鳴的語氣，以孩子可以模仿的簡短句子表達。重點是，父母得先以溫柔、理解的語氣表達。

狀況	為什麼會生氣？	孩子想說的是？	父母如何幫忙？
玩到一半丟玩具。	玩得不順利。	「不好玩！」	「要幫忙嗎？」 「我們一起玩？」 「再試一次吧？」 「不然這樣好嗎?」

穿鞋子的時候，爸爸媽媽幫忙，孩子卻跺腳發脾氣。	孩子想自己穿鞋。	「我自己穿。」 「我想自己來。」	「再試一次吧。」 「如果需要幫忙再告訴我。」
正在玩的玩具被別的小朋友拿走，因而生氣想打人。	不想把正在玩的玩具讓給別人。	「這是我的！」 「我還要玩。」 「現在輪到我玩啊！」	「看來別人也想玩。」 「跟○○一起玩好嗎？」 「跟○○說你再玩一下就換他玩。」
玩得正起勁被弟妹妨礙干擾而激烈反應。	自己做的東西被弄壞了很難過。	「不行！」 「住手！」 「不要碰！」 「這是我的寶貝！」	「那弟弟可以怎麼做？」 「讓弟弟幫你好嗎？」
被朋友搶走玩具。	還想玩玩具。	「還給我。」 「輪到我玩了！」	「現在輪到○○玩了啊～」 「○○先玩，等一下再給你。」

把食物丟到地上。	食物不合胃口。 肚子很飽。	「不要。」 「我不要吃這個。」 「把這個拿走。」 「我很飽。」 「我已經吃過了。」	（拿一個空碗放旁邊）「不要吃的東西就放在空碗裡。」 （收拾餐桌）「吃飽了就收拾一下吧。」。

- 怎麼辦：思考一下當下有什麼方法是孩子可以自己解決的。答案會依據孩子的個性、喜好、情況而有所不同。隨時因應情況提示，與孩子一同找出適合的方法，而非直接幫孩子解決問題。

有時候，孩子需要時間平復情緒，遇到這種時候就冷靜地等待吧，因為在情緒激動的情況下，說什麼都無法溝通。當孩子動手打人、亂丟東西時，父母要明確告訴孩子：這是錯誤和危險的行為、必須向被打的小朋友道歉、遊戲時必須遵守規則和順序、把剛才亂丟的東西撿回來……要教導孩子必須遵守的社會秩序和範圍。

父母並不是魔法師，無法解決所有問題，而孩子很容易感到煩躁、不安，因為他們不了解這個世界的秩序，這是理所當然的。把無法解決問題而難過的經驗一一累積下來，就能逐漸培養出克服失敗，重新站起來的復原力。而在孩子學習的過程中，父母應該成為協助孩子有智慧克服問題的力量，而這絕不是一蹴可及，需要長期堅持以及一貫性的經驗。

每天1分鐘對話

誘導情緒表達

回想一下孩子覺得煩躁時的情況，完成以下記錄。

狀況	爲什麼生氣？	孩子想說的是？	父母可以提供什麼幫助？

用相關的詞語拓寬詞彙範圍

我認識一位平時話不多、性格內向的媽媽，但她很敏銳，很容易就能察覺到孩子給的信號，意會孩子的意圖，給予肯定的反應。像是和孩子一起看書時，孩子指著圖畫書裡的狗說：「小狗。小狗飯飯。」媽媽就會回應：「小狗啊，小狗在吃飯飯喔。」孩子聽到媽媽的回應後也會跟著說，漸漸就能說出較長的句子。光是這樣，孩子的語言能力就能一點一滴成長。

這位媽媽的方法讓親子互動更豐富，同時也給予了語言刺激。她利用孩子表達的詞句，以更完整的方式回應，延長了句子的長度。若想再進一步擴大孩子的詞彙範圍，可以說出與孩子熟悉的「小狗」有關且更細膩的詞彙。例如「搖尾巴」、「吃骨頭」、「小狗的媽媽在哪裡？」**以孩子原本**

的表達為基礎，增加各種相關詞，對話便可以持續並且更豐富。

爲單一詞彙賦予枝幹

在單詞組合時期，表達的句子變長，詞彙的種類也更多樣。就像做菜，食材越豐富越好吃，知道的詞彙越多，表達就可以越豐富，可以組合出更多單詞。想要擴大孩子的詞彙量，可以用孩子已知的單詞為主幹，再賦予枝幹。換句話說，就是添加更細節或相關的詞彙。孩子會將聽到的新詞彙與已知的表達連結並記憶下來。

所謂的細節是指特定事物詳細的部分，以「汽車」舉例，細節詞彙就有「車門」、「窗戶」、「車輪」、「喇叭」、「方向盤」等。孩子在掌握詞彙的初期階段，通常會以某個單詞為基礎，把特徵套用在其他事物上。例如知道「球」，就把所有長得圓圓的東西都叫作「球」；把貓、狐狸、狼等看起來長得差不多的動物都叫做「喵喵」。剛開始的混淆會隨著孩子接觸各種單詞並累積經驗，逐漸學會細分其中的差異，學習正確名稱。

經過這個過程形成對特定單詞意義的明確理解後，孩子可以學習到更多細節，把主要單詞和屬於其中一部分的細節組合在一起，例如「汽車」有「輪子」；「小狗」有「腳」。這些細節通常是看得到或可觸摸到的，所以說的時候如果可以親眼看到或摸到，印象會更深刻。

念繪本時，可以指著書中的插圖給孩子看，一邊說「大象」的「鼻子」、「大象」的「腿」、「大象」的「耳朵」。玩飛機模型時，一邊說「飛機」的「翅膀」、「輪子」、「引擎」，一邊讓孩子一一貼上貼紙。畫畫時，孩子一邊著色，家長就可以一邊告訴孩子現在上色的是「花瓣」、「莖」、「根」。也可以和孩子一起照鏡子，看著鏡中的自己說下巴、額頭、臉頰、手肘、手腕、腳踝、膝蓋、手指等身體的細節部位。

相關詞彙是指與特定單詞在意義上相關的詞彙，例如與「汽車」相關的有「消防車」、「卡車」、「警車」、「計程車」、「加油站」、「洗車場」、「停車場」等名詞，或像「開車」、「停車」等動詞。可以利用遊戲的機會教導孩子認識，像是玩玩具車時，就可以連結各種裝備，或是去與汽車有關的各種場所時也可以一一跟孩子介紹。玩扮家家酒照顧娃娃時，就可以連結到娃娃的衣服、頭髮、圍巾、嬰兒奶瓶等物件，或是洗澡、睡覺、吃飯、玩耍等相關行動。

反向提問

當孩子開始想表達，但詞彙量還不足的時期，常常會聽到孩子說「這個、這個」來表達。例如看到餐桌上的牛奶說：「這個、這個。」應該就是想喝牛奶，或告訴他人「這是牛奶」，也可能是看到牛奶盒的圖片想說：「這上面有牛。」若孩子想喝牛奶，父母可能會把牛奶遞過去說：「這個！」滿足需求。若孩子只是想告知父母上面有牛，父母可能漫不經心地「嗯」一聲作為回應，而錯過了語言刺激的機會。

孩子之所以會用「這個」或「呃呃」來表達，是**因為不知道名稱，或是雖然知道但因為著急或不熟悉而說不出口。這種時候父母可以用反問的方式，給孩子再次嘗試的機會。**

「這個？這個是什麼？」這樣再次反問，讓孩子有時間準備好回答：「牛奶！」孩子會對這個詞彙印象深刻。但如果孩子還是重複「這個、這個」而無法說出正確名稱，那就代表還不熟悉，需要父母馬上告知這個是「牛奶！」孩子很容易將平常使用的物品用「這個、那個」等代名詞來代替，父母應該藉機重新告知正確名稱，讓孩子加深印象，記住對自己有意義的單詞。

不只是孩子，其實父母說話時也很容易不經意地以代名詞替代，例如「把這個拿去那裡放」和「你拿這個」。因此要特別留意，為了給孩子更多的語言刺激，必須多使用具體的表達方式，像是「可以把湯匙放到餐桌上嗎？」「把這個水桶拿過去。」

每天1分鐘對話

一起打掃

打掃時也給孩子一塊抹布，可以擦餐桌、擦沙發、擦地板、門窗、櫃子或相框，並順便告訴孩子各種物品和傢俱的名稱。可以去廚房、浴室、客廳、臥室打掃，讓孩子認識家裡的各個空間。在平時對話中可能不太會提到的詞彙，就利用這個機會告訴孩子。

父母自言自語也能給予語言刺激

在美國無論去哪裡都要開車，我在開車時常常會不經意地自言自語。「怎麼這麼塞？」「聽什麼歌好呢？」「不知道有沒有停車位？」「那輛車好像要走了！」回想起來雖然有點好笑，但相信很多人都有同感。即使車上載了人，這些自言自語還是會不經意冒出來。有一次在停車場找車位時，坐在後座的孩子突然說：「那邊有車要走了！」讓我驚覺，原來平常我以為只有自己聽到的自言自語，其實孩子都聽在耳裡。後來每當開車載著孩子時，我的自言自語就多了沿途看到的建築物、風景、雲的形狀和方向，「左轉」、「右轉」、「往前」、「往後」等平時不太會提到的話。

照顧孩子，會把所有心力都傾注在孩子身上。洗澡、餵食、換尿布、陪玩、哄睡，常常不知不覺以孩子為中心一天就過去了。對話時也都以孩子為中心，「〇〇吃飯了嗎？」「〇〇睡醒了啊。」以孩子的想法和行動為話題。

孩子在兩歲之前以自我為中心，因此對他人的想法和行動不會有太多關注。**兩歲之後，隨著語言和表達能力的增加和認知發展，視線也逐漸轉向他人。父母可以講述自己日常的活動和想法，像自言自語一樣自然地說出口。**例如點心時間，和孩子一起吃點心，一邊自然地說出感覺。

「媽媽也吃一個橘子。」「剝橘子皮。」「嗯，好冰喔！」「橘子好甜啊！」「媽媽還剩下一個橘子！」

用孩子能理解的語言程度表現出來，不知不覺間，孩子也會使用同樣的方式表達自己的經驗。

孩子藉由近距離共享父母的經驗，可以更廣泛地觀察自己周圍的環境。原本媽媽在做菜時，孩子就在客廳玩，等飯菜都準備好後直接上桌吃飯。現在可以試著讓孩子參與，例如請孩子幫忙擺放碗筷，除了刺激語言能力，也可以培養孩子的自主能力。當孩子把杯子和筷子放到餐桌上時，媽媽可以不經意地說：「好，再炒個青菜。」「湯差不多可以盛了。」像這樣簡單的自言自語，孩子都聽在耳裡。

父母要記得隨時給孩子自己思考和參與互動的機會，如果對孩子說了話卻沒有得到回應，可能要檢視一下自己的語言表達是否符合孩子的理解程度，是不是說得太長太複雜讓孩子無法理解？或是用了許多孩子陌生的詞彙？可以的話，盡量用孩子熟悉、能理解的表達。在兩三個以上熟悉的單詞裡加入一個新的詞彙，孩子的接受度更高，也能因此學到新的詞彙。

父母不必把自己經歷的一舉一動都告訴孩子，如果一次提供太多，孩子能探索的東西就變少。在這親子共享生活的時間裡，不再是父母進入孩子的世界，而是開啟大門讓孩子也進入父母的生活探訪。

每天1分鐘對話

外出準備的對話

有時一忙起來，老實說也很難做到什麼語言刺激。不妨利用瑣碎的時間，例如外出前準備時，就可以累積有意義的語言經驗。「包包帶著，記得帶水壺。」「媽媽穿外套，○○也穿外套。」「媽媽要穿皮鞋。」「把房間的燈關掉。」「開門。」「按一樓。（電梯裡）」「公車站在哪裡？」「公車還沒來。」「公車來了！」似乎不經意的自言自語，卻能分享自己的經驗給孩子聽。

加上適當詞彙完成句型

隨著孩子表達力的擴張，可以常常看到他們努力想表現各種想法的樣子，真的非常可愛。因為太可愛了，大人常常會跟著孩子說話，做一些誇大的表達。例如孩子的手被輕輕撞到，就舉到大人面前說：「手手。」大人馬上回應：「手手……我看看，呼呼！」孩子看到不想吃的東西說：「不是麵包。」大人也會不分由說地附合：「不是麵包。」

模仿、重複孩子的話，可以讓孩子確信自己的表達。當孩子能夠把兩三個不同單詞組合起來表達意思時，是語言發展上很重要的突破。在組合單詞的初期模仿重複孩子的話，對建立孩子的信心以及加強表達力有很大的成效。

不過，孩子在開始組合單詞並表現出來後，很容易會養成一種慣性，也就是只用同一種方式組合表達，這時父母可以協助一下。因為**孩子的表達力雖然變強，但在句型或用詞上往往還不夠精確，因此如果發現孩子說的話在意義和句型上不夠完整，父母還是要用正確的說法重複給孩子聽，這就是「擴展」（expansion）。**

例如前面提到「手手」時，父母可以說「手手痛痛嗎？」「手受傷了？」用完整句子再次重複。「不是麵包」的意思其實是「不吃麵包」。因此可以更精確地重複「不要吃麵包嗎？」「不喜歡麵包嗎？」也就是保留孩子想表達的意思，但添加適當詞彙讓句型更完整。孩子從單詞組合進入完成句型階段時，常用的表達形態如下。

- 語尾：～啊、～吧
- 名字或稱謂：○○（自己的名字）、爸爸、舅舅
- 介詞：和～、一起～、跟～
- 過去式的語尾：～了
- 未來型：我想～、我要～

若想以簡短但具完整性的句型回應，自然而然就會使用到語尾，「小熊睡吧」、「抱小熊啊」、「小熊吃飯吧」、

「小熊一起玩吧」。經常聽到完整的句型，孩子自然就會開始使用，而非只有單純的單詞組合。

另外在這個時期，孩子會開始把注意力轉移到與自己有關聯的他人身上，爸爸、媽媽、舅舅、姊姊等，「誰」在做什麼變得很重要。因此當孩子想做什麼事時，會用「〇〇～」（自己的名字）來表達，對其他人有要求時也會說「媽媽（做）～」、「爸爸（做）～」。

在心理方面，孩子在情緒上與他人進行互動、分享的欲望也會增加。因此會出現「我要和～去～」、「一起」、「跟～做～」等意義的表達，父母可以幫助以完整句型重複給孩子聽。例如在遊樂場想和媽媽一起玩，孩子說：「媽媽」、「媽媽坐」、「媽媽來」，那麼媽媽可以回應：「媽媽跟你一起坐嗎？」「要和媽媽一起玩嗎？」「爸爸也一起去。」

動詞的使用會變得頻繁，並開始區分出過去或未來的句型，通常是想分享或炫耀自己的成就，例如：「我吃飽了。」「我去過那裡。」或剛才發生的事、特別的事，例如：「撞到了。」「跌到了。」「掉下來了。」通常語氣也會誇張一點，希望引起共鳴。而未來式的句型主要是孩子想做的事情或想跟某人一起做的事，例如：「〇〇去。」「〇〇吃。」「要喝。」「要玩。」「要下去。」「要上去。」等，父母可以幫孩子把單詞塑形成完整的句型，「〇〇想去公園嗎？」「媽媽想吃蘋果。」「你要喝果汁嗎？」自然而然重複給孩子聽。

每天1分鐘對話

點心時間的「誰」與「誰」

關於幫助孩子從單詞組合進入句型的好方法，就是善用「誰」與「誰」來提問。在美國，孩子經常玩一種類似家家酒的虛擬遊戲叫「tea party」，就是跟心愛的玩偶娃娃一起喝下午茶、吃點心的遊戲。讓孩子帶喜歡的玩偶坐好，然後問：「你想和誰一起吃點心？」若孩子說：「兔子。」家長就補充說：「和兔子一起吃點心。」或許孩子還無法完整說出來，但只要一再聽到完整的句型，就會在腦中形成印象，有一天就會自然脫口而出。

也可以拿好幾個玩偶一起玩。「哇！有好多朋友啊！有誰來了？」孩子說：「兔子、長頸鹿、烏龜。」家長就可以回應：「原來有兔子跟長頸鹿還有烏龜啊。」接著進行遊戲，藉著遊戲過程問答。

「誰要分杯子呢？」「○○分杯子！」

「誰來發點心？」「兔子發點心！」

「誰來倒茶？」「烏龜倒茶！」

提問和回應交替，讓對話變豐富

孩子對一切都很好奇，常常看到什麼就問：「這是什麼？」即使回答了還是會重複一直問，看起來似乎並不是想知道，只是口頭禪一般隨口說說，讓父母到後來也漸漸隨便回答蒙混過去。

為什麼孩子喜歡重複問著同樣的問題？我看過一篇關於哈佛大學畢業生的報導，指出哈佛大學現在有學生都會使用Chat GPT，但大部分的目的並非學習，而是為了盡快解決作業。不是因為在課業上有疑問，而是為了完成作業而用，因此學到的知識會比過去減少很多。看著那篇報導我想到，**或許將來唯有不失去學習欲望和好奇心的孩子，才能成為新一代的領導者。**

研究顯示，不管智商如何，小時候好奇心強、喜歡學習的孩子，課業表現優秀和考上大學的比率較高，甚至能念到研究所的比率也較高。孩子透過提問來認識與學習這個世界，而大人們得幫助孩子消除對世界的疑問。先有好奇才能學到東西，因此，不僅要培養孩子傾聽和理解問題的能力，更要引導他們提出問題。

孩子會不斷提問，是因為體驗新事物時會有很多不確定。提問不只是為了引起父母的關心，更是為了獲得更多訊息、學習新知。在接收到完整新訊息之前會反覆進行確認。如果無視孩子的問題或敷衍，孩子就會失去學習的機會和信心。當孩子對提問失去興趣，漸漸就不再提問，對學習的好奇心也會淡去，所以不要覺得不耐煩，好好回答孩子提出的問題吧。

一起看書就會知道

開始將兩三個單詞組合起來的孩子，會針對各種事物和人物、動作來表達。慢慢地，可以回答簡單的問題，例如關於「哪裡」或可以選擇的問題，還有可以回答「是／不是」、「好／不好」這類型的問題。也會用手勢輔助，像被問「蝴蝶在哪裡？」會用手指著蝴蝶；被問到「要水？還是果汁？」也會簡單回答或用手指著表示。

隨著表達語言的增加，進入「這是什麼？」「是誰？」和「做什麼？」這類更具體的提問，尤其是和孩子一起看書時，就能準確掌握孩子對回答問題的表達程度。例如可以指著孩子熟悉的繪本問：「這是什麼？」「蘋果！」「這是誰？」「吼，獅子！」「獅子在做什麼？」「吃飯。」

若孩子沒有回應，可能有兩種原因，一是他的注意力不在這個地方，另一個就是不知道如何表達。如果孩子對父母的提問不感興趣，就要了解孩子的注意力在哪裡並調整。若孩子是不知道如何表達，可以稍等一下再說出答案，讓孩子知道如何表達。

例如散步時問：「這是什麼？」稍等個3～5秒觀察孩子的反應，若遲遲沒回答，就先說：「是蝴蝶啊！」孩子聽了之後就會認知到：「啊！原來要這樣回答啊。」

還有一個方法是給予提示。例如看著全家福照片問：「這是誰？」孩子沒有回答就直接說：「這是媽媽，那這是誰？」同樣型式的問題再問一次，孩子還是沒有回答，就提示第一個字：「爸……」等待孩子說出完整答案。

建議大家提問和回應交替使用，如果不斷丟出問題「這是什麼？」「這是誰？」「這個呢？」就等於是在問答而非對話，對孩子也會形成一種壓力。

父母：「這是什麼？」

孩子：「獅子。」

父母：「獅子。那這是什麼？」

孩子：「老虎！」

父母：「這是什麼？」

孩子：「……」

父母：「鱷魚！那這個呢？」

在溝通時讓孩子形成壓力，反而會阻礙發展。因此，最好盡量維持自然對話的形式。

父母：「哇～這是什麼？」

孩子：「獅子。」

父母：「對耶，是獅子。喔～這裡有一隻老虎。」

孩子：「這個是鱷魚！」

父母：「哇！是鱷魚啊！好大的鱷魚。」「喔？這是什麼？」

孩子：「長頸鹿！」

孩子會超越被動的回答問題，進一步對周圍充滿好奇。即使是同樣的問題，也可以作為尋找新事物的過程，讓親子間的交流更豐富多樣。**父母有時需要適當的演技，假裝不知道答案，適當地給予提示，當孩子說出答案時給予正面回應：「哇！原來是～啊！」提問與回應交替，孩子也會感到興味盎然。**

語言刺激第四步

可以說出短文句

讓孩子自己累積詞彙力的對話

告知時間和順序

能理解二階段指示的孩子，可以理解更長的句子。二階段指示是「記住並使用兩個以上的事物」以及「理解並執行兩階段以上的句子」。例如早上起床說：「把床整理一下，吃早餐。」孩子可以馬上理解，去把棉被鋪平，然後到餐桌前坐好。或是到幼兒園的路上說：「幼兒園放學後去圖書館吧！」放學時間去接孩子時，孩子一看到媽媽就問：「我們要去圖書館嗎？」以上這兩個例子都表示孩子可以理解二階段指示。也就是說，孩子可以理解脫離脈絡的句子，對當下不在眼前或未發生的事也能理解，像是「現在」、「等一下」、「先／後」等時間和順序的概念。融合這樣的語言發展，可以讓孩子學習更多日常生活規範和秩序。

可以學習生活規範

透過二階段指示，可以幫助孩子學習生活規範，方法如下。首先，練習記住兩種事物。在之前孩子已經學會分辨和理解各種不同事物的要領，那麼在這個階段就可以記住並找出兩種以上的事物。**父母可以在日常生活或遊戲中引導孩子逐漸同時記住兩種事物。這種經驗可以幫助孩子的工作記憶（指保留以及使用短期儲存在我們記憶中的訊息的能力）。**舉例如下：

「可以把湯匙和叉子拿過來嗎？」

「我們玩兔子和小熊玩偶吧。」

「刷牙要用牙膏和牙刷。」

其次，為某種目的提出方法。這個時期的孩子對「什麼事怎麼做」的理解度提高，開始有先來後到的順序概念，可以理解並回答以後「該怎麼辦」的問題。像是「先～再～」或「～然後～」這樣的句型，就能提出二階段的順序和方法。舉例如下：

「先洗手再吃點心。」

「先穿襪子，然後再穿褲子。」

「全部吃完之後再擦手。」

「先用剪刀剪開，然後再用膠水黏起來。」

第三，可以說明目的的簡單理由。在這個時期，孩子對狀況的原因已經多少可以理解。即使不是二階段指示，都要簡單說明指示的理由，給孩子行動的動機。另外，可以練習理解並記住較長句子的能力，不過還是盡量不要太長。可以多用「因為～所以～」、「因為～才～」的句型。舉例如下。

「因爲這個叉子太大，所以用小叉子吧。」

「因爲這裡很危險，所以牽媽媽的手走吧。」

「其他人都太吵了，要小聲一點。」

「因爲水可能會灑出來，所以才把杯子放在桌上。」

指示事項不見得要用指示的口氣表現，二階段指示其實是幫助孩子培養聽、理解、記憶、執行等多階段表現的能力，可以用「一起做吧」、「應該要～」、「可以～嗎？」、「試試看吧」等表達方式，和孩子一起進行。

讓孩子一聽就理解

「我的孩子講一次都聽不懂。」會這樣說的父母，通常孩子不是沒聽到就是無法正確理解。**原因可能是周遭環境有很多吸引孩子視線或關心的妨礙因素，或是無法在父母說話時集中注意力，另外就是對於理解太過冗長的文句還很吃力。**因此表現出逃避的態度，或是話只聽一半，只做一部分的指示內容。這時候如果父母因此而發怒，不僅無法提供幫助，孩子也會產生抗拒心理。應該靜下心來找出原因，幫助孩子克服問題。可以嘗試以下的方法。

- 先喚起孩子的注意，看著孩子說話。
- 在孩子旁邊或周圍說話，而不是在遠處指示。
- 可以用手勢輔助，按順序第一個、第二個……這樣告知。

- 以手勢、動作、表情提供線索。
- 慢慢地說。
- 描述簡潔有重點。
- 可以幫孩子分類，一個一個做。
- 給予孩子充分思考的時間。
- 給孩子行動順序的選擇權。
- 可以的話直接示範或展示。
- 在孩子完成後給予肯定，例如微笑、大姆指比讚、擊掌、稱讚等。
- 可以利用照片或畫卡告訴孩子什麼要先做，什麼後做。

每天1分鐘對話

整理冰箱

去超市採買回家後和孩子一起整理吧。可以先從孩子喜歡的點心開始，孩子會很興奮地參與。「〇〇，把草莓拿出來放進冰箱。」「把紅蘿蔔和葡萄也拿出來。」「馬鈴薯先放在籃子裡，豆腐放進冰箱裡。」「餅乾拿出來放在櫃子裡。」「雞蛋拿出來，輕輕放在盒子裡。」「因為冰淇淋會融化，所以趕快放進冷凍庫。」「我們等一下把水果洗一洗，當點心吃吧。」

不要忘了給予鼓勵和稱讚，孩子會更有動力參與，下次有機會也會繼續幫忙。累積這樣的經驗，孩子日後對於類似句型的生活規範就能很快理解。

拋出提高思考力的開放式問題

「媽媽妳看！」孩子興奮地向媽媽炫耀用積木蓋成的高塔。「哇，好酷的塔喔！」通常對話到這裡就結束了，現在您可以再進一步提出「開放性問題」，增進孩子的表現力和思考能力。

你是怎麼做到的？

「你是怎麼做到的？」「你怎麼能蓋得那麼高？」這種開放式提問可以讓孩子用句型回答，因為沒有制式答案，所以可以促進思考。相反地，「封閉式問題」就是答案簡短或已經有固定答案的問題，像「這是什麼？」「用什麼做的？」

「誰的家？」等。當然，這些問題也是與孩子進行對話時可以運用的問題，但隨著語言發展的進階，提出開放式問題才能有效增進孩子的表達力。

目前處於剛開始學習如何回答「怎麼做？」的孩子，會需要很多線索和幫助。父母在提問時就可以幫孩子塑形，也就是排「順序」。「第一步要做什麼？」「接下來要怎麼做？」引導孩子回答：「先把這個放最下面，然後把其他積木一個一個疊上去。」

在發展以句子表達的時期，像「怎麼做」、「為什麼」的問題也會增加，孩子就可以用「因為～所以～」這種句型回答。

例如：「這個玩偶為什麼會在塔裡面？」「因為這是他的家，所以他在塔裡面。」孩子會這樣自然地用完整的句型回答。**「怎麼做」、「為什麼」的問題很適合在日常生活或遊戲時提出，趁著與孩子互動，提高孩子的思考能力。**

怎麼辦才好呢？

另一種開放性問題是讓孩子思考解決方法。假設剛才堆的積木嘩啦啦倒塌了，要對孩子說什麼呢？「沒關係，重新再堆起來就好了！」「媽媽跟你一起堆怎麼樣？」「積木本來就會倒，不用難過。」父母說這些話的目的是為了安撫孩子，不過隨著語言發展，這種安慰式的回應已經不合乎需求了。

父母要做的，應該是引導孩子思考解決問題的方法。「積木倒下來了，現在該怎麼辦才好？」提供孩子充分調整情緒和思考的時間。當然孩子不會一開始就自己找到方法，父母可以這樣說。

- 「要再挑戰一次嗎？」（由孩子主導）
- 「媽媽和你一起做好嗎？」（合作）
- 「需要爸爸幫忙嗎？」（養育者主導）

孩子吃飯時不小心把水傾倒在桌上，與其生氣地說：「怎麼不小心一點！」不如把主導權讓給孩子，「水倒了，現在該怎麼辦呢？」不是一副「我知道答案，但就是要看你會怎麼做」的態度，而是「我們來想想看可以怎麼做」，**給孩子思考的時間並等待。這樣孩子才不會怕犯錯被罵而膽顫心驚，而是會在問題發生後積極尋求解決方法。**

或許您會發現孩子反應很快，因為之前已經看過很多次父母是如何處理的，所以知道要拿抹布來擦。當然也可能會因為不知道如何處理而手忙腳亂，這時父母可以問：「需要什麼？」或指著抹布或紙巾給予提示。如果孩子仍然無法回答，父母可以直接說：「拿紙巾擦一擦。」「下次把杯子放裡面一點才不會翻倒。」給予孩子充分思考的機會。

透過這樣的過程，父母為孩子製造「水灑出來要擦掉」或「積木倒了可以重新堆起來」的想法連結，培養解決問題的能力，也就是「做～的時候，應該～」「為了～，必須～」的獨立思考能力。幾次經驗後，下回在提出「該怎麼辦才好」的問題之前，孩子就已經自己拿紙巾擦拭了。同時因為知道水翻倒的後果，孩子也會變得更加小心。

吃東西的時候手弄髒了、洗臉時衣服弄溼了、玩具不見了、要出門時外面下雨了……在這些時候與其馬上幫孩子解決問題，不如先問問孩子「該怎麼辦才好？」**習慣立即滿足**

孩子需求的父母，請先暫時停止行動，練習等待。但如果孩子因為突發狀況而產生激烈的情緒反應，就先別管什麼語言刺激了，幫助安撫情緒更為迫切。

每天1分鐘對話

玩偶遊戲

玩偶遊戲對孩子解決問題、擴大批判性思考非常有用。在語言治療課時，經常藉由玩偶虛擬狀況，問孩子：「哎呀！怎麼辦才好？」「娃娃餓得哭了，怎麼辦？」有的孩子會拿起玩具食物說：「給你吃披薩。」或拿起奶瓶說：「這裡有牛奶。」

玩偶站在房子前面，「門打不開，怎麼辦？」有孩子說：「我來幫你打開！嘿咻嘿咻！」有孩子敲著門說：「咚咚咚，有人在嗎？」在遊戲中創造各種問題狀況，給予孩子自由思考解決問題的機會。任何天馬行空的想法都沒關係，照著孩子提出的方法嘗試，孩子也會自然而然理解結果，自行調整方法。

等待孩子完成句子

散步時遇到小狗對著孩子吠叫，孩子嚇了一跳，急著對爸爸說：「爸爸！小狗……小狗……那個……那個……汪汪！汪汪！這樣子。好大聲的汪汪！」隨著語言和想法越來越豐富，孩子想表達的東西也越來越多樣。從大腦儲存資料庫中可以挑選的詞彙變多，可以組合成更長、更複雜的句子。為了完整傳達想法，也會使用適當的句型和添加助詞等。看似簡單的變化，發展過程卻不簡單。

句型錯誤時就當作是累積數據吧

這個時期會有很多句型使用錯誤的狀況，因為孩子還處於學習階段，一切都不熟悉，出現語序錯亂的情況也是很正常的。這個階段就是一邊學習、一邊試錯，再一邊累積經驗數據。累積的數據越多，就越能有效理解句型語序。也就是說，接觸越多句型，日後就越能正確使用。因此，與孩子最親近，能進行最深入、最廣泛對話的父母，就扮演非常重要的角色。

雖說不管什麼回應都比完全不回應好，但錯誤的表達並不會帶給孩子成長的機會。例如孩子說：「腳痛。」句型不完整但並非聽不懂，所以父母可能會回應：「是嗎？我看看。」忽略修正的機會，孩子可能就會照著那樣的說法持續下去。不過如果直接指出句子錯誤並修改，又會切斷對話的節奏，反而造成溝通的不便。**最有效的方法是照著孩子表達的句子整理後再說一遍，等於重新表達孩子想說的話。**

例如孩子說：「這個一起吃。」媽媽回應：「好，我們一起吃這個。」孩子說：「我還有一些沒吃完。」媽媽回應：「對，你還沒吃完。」這樣重新整理後再說出完整的句子，孩子自然會比對自己說的話和父母回應的話，在腦中整理修改。當然，這需要時間的累積，而且**如果每次都重複孩子的錯誤重新表達，不管孩子還是大人都很容易覺得疲憊，所**

以不用要求每天都要繃緊神經，尋找適當的機會引導孩子即可。

如果想幫孩子累積更多數據，可以稍微變化句型，多說幾句正確表達。例如孩子說：「腳痛。」父母回應：「你的腳痛嗎？我看看。」還可以變化成：「我不知道你的腳痛。」「你的腳現在還很痛嗎？」「腳已經不痛了吧？」用各種句子充實孩子的資料庫。

「要孩子好好說話」不如說「有意義的話」

孩子要能完整表達自己的想法需要一點時間，因此父母的等待很重要。必須克制自己避免打斷孩子的話或代替孩子說話，並在孩子說完後稍等 2～3 秒再回應。**孩子表達時，要看著孩子的眼睛認真傾聽，讓孩子感覺被尊重。**有時父母一急就會說：「你好好講話。」「不要結結巴巴。」糾正孩子，但這樣只會讓孩子更緊張、自信被打擊。

比起要孩子好好說話，進行有意義的對話更重要。當孩子能夠專注於談話內容時，就可以自由表達自己的想法。因此比起專注於挑剔孩子的語氣、發音，不如把心力放在對話內容，針對內容本身回應。父母若能不疾不徐地說話，孩子也會充分思考後再表達。

早期診斷口吃很重要

孩子在表達時經常會發生口吃的狀況，不過根據研究，這個時期的口吃現象75%～80%都會隨著成長自然消失。例如以下狀況，在發育過程中基本上都會好轉。

- 重複單字或某個名詞。「媽媽、媽媽……」「獅子、獅子……」
- 重複指示詞或感嘆詞。「那個、那個……」「呃……」「啊……」
- 說話時會緊張或身體扭來扭去。
- 興奮或疲憊才會出現口吃現象。
- 沒有口吃的家族病史。
- 持續時間不超過六個月。

但若有以下狀況，口吃可能就會持續。

- 單詞的第一個音或音節重複四次以上，例如「老老老老老師……」「獅獅獅獅獅子……」。
- 第一個音發不出來或不完整，例如「ㄇㄇㄇ……媽媽」、「ㄒㄒㄒ……西瓜」。
- 表情或身體感覺很吃力，出現眨眼、皺眉、身體不自然地扭動。
- 說話時很緊張或敏感。
- 嗓音和聲量會變高。
- 非興奮或疲倦，平常說話就有口吃現象。
- 害怕開口說話，或因為說不出話而難受。
- 有口吃的家族病史。
- 滿三歲半以後才開始口吃。
- 口吃現象持續6～12個月以上。

雖然父母的話語和行動並非孩子口吃的直接原因，但父母如何應對會影響孩子的口吃狀況。如果孩子有持續口吃的狀況，建議盡快尋求專業語言治療師的協助。

每天1分鐘對話

邊看影片邊聊天

透過影片優化語言學習效果的方法，就是父母和孩子一起觀看影片一邊進行對話，這會比讓孩子自己看更有幫助。不僅如此，因爲是孩子感興趣的主題，參與度也會提高。一起看著影片對話，慢慢等待孩子說出完整句型。讓孩子對影片內容說出自己的想法，也可以向孩子提出簡單的問題，更可以與日常生活連結，打開各種與孩子對話的契機。

使用高級詞彙

有次我和兩個孩子一起吃點心時，發現自己對年紀相差兩歲的兩個孩子會使用不同的表達方式。我對滿三歲的老大說：「橘子先剝皮，再分成兩半。」使用長又複雜的句型。但對剛滿週歲的老二說：「媽媽剝。」於是老大回應：「我會自己剝橘子。」「我這樣分成兩半！」；而老二則是發出「ㄅㄛㄅㄛ」的聲音，模仿我的語尾音。如果我用對老二說話的方式對老大說，就不會造成語言刺激。同樣地，若用對老大說話的方式對老二說，他根本就無法理解，也不會有任何反應。所以根據孩子發育期的不同，需要的語言刺激也應該要有差異。

從寶寶語到高級詞彙

從語言刺激的第二步到第三步，詞彙量增加的時期，比起複雜精巧，增加更多的是日常生活中經常使用的單純詞彙。相反地，當日常詞彙增加到一定程度、可以表達長句子的時期，詞彙種類就會變得更多樣，能力也會迅速成長。像「要不要吃飯飯？」「玩車車嗎？」這種句型已經不適合這階段孩子了。之前常用的「父母語」，現在也開始變得不自然了，這些都是提醒父母要逐漸改變語言刺激的信號。

隨著孩子的認知和思考能力擴張，增加詞彙的深度對孩子的語言發展會產生積極影響。這個時候用之前孩子無法理解的表達方式，會意外發現孩子理解程度變高了。如果還是覺得孩子年紀小而繼續使用簡單、易懂的單詞，反而會限制孩子，所以請開始嘗試用更精巧高級的詞彙吧！

高級詞彙是指日常生活常用詞彙外的表達方式，例如「傢俱」、「寵物」、「交通工具」，還有像「孔雀」、「發掘」等日常生活中不常聽到的詞彙，「混凝土攪拌車」、「異特龍」等非典型詞彙，「公平」、「驚慌」等抽象詞彙。換句話說，幼兒在日常對話中不會用到，在親子對話內容中僅占不到1%左右。儘管如此，**這不到1%的陌生表達，在孩子進入學齡期之後卻會激發出更高的語言能力。**

根據一份研究顯示（Weizman & Snow，2001），這些精巧而陌生的表達方式最常使用在吃飯時。雖然在閱讀時也有機會用到，但來源大多為書籍內容，用在「表達」上的時間反而比吃飯、遊戲時少。也就是說，除了閱讀時間，與家人共處的吃飯時間、遊戲時間更應好好活用，與孩子進行深入而廣泛的對話，給予孩子各種語言刺激。

- 吃飯時間：「紅蘿蔔富含對身體有益的營養，吃了對身體很好。」「蘋果變身成愛心了。」
- 遊戲時間：「這隻兔子是我的寵物，住在我家。」「我發掘到很棒的寶物！」

孩子不一定能理解過於抽象的概念，例如：「公平地分著吃。」五歲的孩子大概可以粗略猜到意思，但剛滿三歲的孩子就很難理解。因此，最好考慮孩子的語言程度和展現出的信號來選擇詞彙。若想讓孩子多聽一些高級詞彙，最好的方法就是用更精巧的表達來代替孩子熟悉的表達方式。

「到了」→「抵達」

「爸爸媽媽」→「父母」

「找到了」→「發現了」

在這個階段，父母必須提供充分的線索和說明。也就是說，在與孩子對話時使用高級詞彙時，若發現孩子不太理解，父母有責任給予更多提示或說明。隨著孩子詞彙量增加和認知能力發達，繼續用符合孩子程度的高級詞彙對話，這樣未來就學後可以幫助孩子理解和吸收更多學習內容。

每天1分鐘對話

重新閱讀已讀過的書

之前親子共讀時間可能只用孩子理解的話，流暢地念故事給孩子聽。現在請重新拿起書本，仔細看看裡面的詞彙，哪些是孩子覺得生疏、困難，在日常生活中不常聽到的高級詞彙，可以更加強調，套用說明插圖的內容。並且記住這些詞彙，在日常生活中若有合適的狀況就可以適時使用，加強孩子的印象也增加詞彙量。

更詳細地描述

有位母親很想與孩子進行更豐富的對話，卻不知道該怎麼做。因為是雙薪家庭，所以孩子白天送托育中心，下了班接孩子回家就忙著做飯、餵孩子吃飯、洗澡、哄睡。真正能和孩子說說話的時間大概就只有晚上吃飯時。

就算想聊一些日常生活瑣事，但孩子對於不是發生在眼前的事也沒什麼概念。於是我建議那位母親從食物下手。剛開始可以告訴孩子今天吃的是什麼，例如「披薩好吃嗎？」慢慢對食物進行各種描述，可以讓對話內容變得豐富，孩子的表現力也會比較多樣。「媽媽要吃大披薩」、「還有圓圓的意大利香腸」、「披薩的形狀像小船」、「爸爸的蘋果是綠色的，媽媽的蘋果是紅色的」、「媽媽吃得好飽喔，〇〇吃飽了嗎？」

比較和比喻

說明、比較和對照，都需要描述事物的表達能力，這也是孩子未來必備的能力。**詞彙發展的順序是「名詞→動詞→形容詞→副詞」，最先學習的是各種名詞，再學習表達那些名詞的動詞和形容詞。**在英語中描述時主要會用形容詞、副詞。韓文則細分為形容人或事物性質或狀態的形容詞（漂亮、大、多）、修飾句子內其他單詞的冠詞（新、舊）及副詞（多、快）等。

動詞和形容詞的表達通常會在2～3歲間急速發展。以英語來說，初期使用的形容詞如下，不過根據每個孩子的喜好、身處的環境、說話對象的不同都會有差異。

有、沒有、這樣、不是、痛、討厭、是、害怕、漂亮、喜歡、大、如何、好吃、紅色、沒關係、冷

除此之外，常會拿來描述的還有各種顏色或形狀、大小或數量、聲音和觸感、味道、情緒等，是孩子親身體驗或觀察某種事物的瞬間會使用的詞彙。若配合誇張的聲音、表情、

身體動作，盡量生動地表達感受，可以幫助孩子正確理解單詞的意思。吃飯時可以描述食物、上學放學的路上可以描述看到的景物。另外就是閱讀時，有許多值得描述的圖畫和內容。

當然，我們不可能每次和孩子對話時都思考該用什麼句型來進行語言刺激，最好的方式還是仔細描述孩子周圍環境的狀態，幫助孩子把句子裝飾得更豐富。也就是思考「怎麼樣」表達特定對象或情況就可以了。孩子在發現「一樣的東西」時會很興奮，例如：「他也穿條紋衣啊！和○○一樣。」孩子聽了會露出笑容，「嗯！條紋的，和○○一樣。」

接下來很自然就會尋找「其他的東西」，「那個人的衣服沒有條紋，是綠色的。」像這樣的比較和對照，可以促進孩子的認知力和表達力。也可以運用對比的概念，例如「那個大，這個小」、「那個短，這個長」、「這裡亮，那裡暗」來進行比較。

用比喻的方式也很好，例如「像斑馬一樣」、「衣服有像斑馬一樣的條紋」，以「像～一樣」的表達方式描述，可以傳達更豐富的內容。同時也可以訓練理解兩個對象的共同點以及詞彙的關係。

重要的是不要忘記讓孩子主導。若是孩子沒興趣的事物，無論描寫得多麼精采，孩子也不會記起來。只要看看孩子的反應就可以知道了，如果父母說完之後孩子沒有附和或回應，就表示他對剛才的話沒什麼興趣。平時多留意觀察孩子的反應，一起在日常中找尋可以相互比較和描述的素材吧！

每天1分鐘對話

一起做菜

可以一起製作三明治、奶昔、水果沙拉等簡單的料理，過程中運用豐富的描述。例如用「柔軟」、「黏稠」、「粗糙」、「平滑」等觸感；用「涼」、「燙」、「溫熱」等溫度來描述食材。在品嘗後討論「甜」、「苦」、「香」、「鹹」、「酸」等各種味道，或是用「脆」、「軟」、「硬」、「酥」來描述口感。另外還有形狀，「三角形」、「長方形」、「圓圓的」或「像心形」、「長得好像恐龍」等比喻。

把孩子的情緒說出來

孩子在遊樂場認識一個哥哥，兩個人一起玩得很開心。回家的時間到了，我告訴孩子還有五分鐘就得離開。平常孩子會把握最後五分鐘完成想做的事，然後自己走過來找我，準備一起回家。但這天卻不一樣，可能是和大哥哥玩得太開心，五分鐘過去了，孩子吵著說不想回家。

「今天和大哥哥一起玩很開心喔。」我說。孩子聽了用悶悶的聲音點頭「嗯」了一聲。「那現在去跟大哥哥說我們該回家了，下次再一起玩吧。」

孩子不想離開遊樂場，但並未意識到是因為和大哥哥玩得太開心而不想離開。當我說出來時，孩子這才明白：「啊，這就是我現在的心情。」並學習到如何應對。

處理孩子的情緒不是件簡單的事，尤其是負面情緒。父母也會擔心，如果孩子無法調適情緒，將來會不會帶給別人傷害或闖禍。其實產生負面情緒本身並沒有錯，問題出在應該如何表達才適當。

只有理解自己的情緒才能自我調適，對他人也才能用適當的話語表達，也就是用說的來解決與他人的矛盾。不知道如何表達情緒的人，無法用對話，而是會尋找其他方法解決與他人的矛盾。表達的方式可能會是具攻擊性的不當言行，不只無法解決問題，還會傷害別人，陷入被指責的情況。

孩子年紀還小，不了解自己的感受和情緒，所以需要父母的幫助。當孩子生氣或難過時，應該教導他們不要亂丟東西或大喊大叫來發洩，可以用說的。「因為～所以很難過。」**當孩子可以將自己的感受用言語表達出來時，就代表大腦從對抗危機的鬥爭、逃避狀態轉變為理性的反應模式。再加上如果得到他人的共鳴，就會獲得情緒上的穩定感，也就更願意傾聽別人的話。**

這個過程的第一步是要先了解自己的感受和心情，唯有先領悟到「啊，原來這種情緒叫做傷心。」才能去思考如何調適。當意識到「原來我現在的感受是覺得很難為情。」才能思考下次再有同樣感受時可以怎麼應對。

當孩子可以用句子來表達時，感受也變得更多樣。不再只是單純的好與壞，而會產生興奮、期待、激動、失望或遺憾、嫉妒、失落等各種細膩的情感。如果父母可以敏銳地觀察捕捉孩子的感受，就能代替還不知道該如何表達的孩子說出口。

- 引導一聽到要去遊樂場就蹦蹦跳跳的孩子說：「可以去遊樂場真是太開心了。」
- 引導想翻媽媽皮包的孩子說：「很好奇皮包裡有什麼。」
- 引導因為玩具壞了而哭泣的孩子說：「玩具壞掉了，好傷心。」
- 引導畫完畫之後向父母炫耀的孩子說：「我覺得很滿意。」
- 引導沒買到想吃的冰淇淋的孩子說：「香草口味的冰淇淋賣光了，好失望。」
- 引導洗臉時不小心把衣服弄溼而嘔氣的孩子說：「衣服弄溼了，很不舒服。」
- 引導到補習班上課第一天悶悶不樂的孩子說：「因為是第一次上課，所以有點緊張。」

不過父母也要了解，**不能期待孩子經歷幾次過程，某天就突然能夠說出自己的感受。這是一場持久戰，必須經過長時間無數的情感經驗，才能理解和表達。而父母，就是孩子可靠的幫手。**

要經歷過才能調適

接受情緒並產生共鳴和滿足孩子的要求是兩回事。有一次，我家老二邊吃果凍邊說話，一不小心果凍掉了出來。其實掉出來的只有一點點，但孩子還是很傷心，因為那是他很喜歡吃的果凍，他難過得哭了起來。我說：「最喜歡吃的果凍掉出來了，一定很難過吧。」但孩子還是哭個不停，大喊道：「我還要，我還要，我還要吃果凍。」但說好了只能吃一個，所以我並未滿足孩子的要求。

「我們說好了只吃一個果凍，所以不能再吃囉。明天才能再吃，現在你可以吃橘子或蘋果。」明確傳達規則的同時，也提出其他方案。但是孩子不領情，就這樣吵了大約十分鐘，直到情緒終於平復。原本哭喊著：「我不管，我還要吃果凍」的孩子，終於抽抽噎噎地說：「明天我還要吃果凍。」

需要時間自我調節情感，才知道如何用自己的方法表達正在經歷滿溢的情緒，這需要充分體驗及學習。如果當孩子情緒上來時就訓斥他或強迫他不要哭、不要鬧，那麼孩子就無法明確知道自己到底產生了什麼情緒。

再回到我家老二，我等到他稍微平靜下來後對他說：「果凍很好吃，掉下來真是太可惜了。」孩子點頭說：「可惜。」然後第二天，孩子吃點心時又掉了，他還是有點不開心，不過很快地就說：「明天再吃吧。」

每天1分鐘對話

對孩子說說故事角色的情緒

在親子共讀的時間，和孩子說說故事角色的情緒吧！可以問問孩子：「現在這個小男孩的心情怎麼樣呢？」「爲什麼會有這種感覺？」用這些問題引導孩子表達書中角色的情緒。也可以說說在日常生活中比較不擅表達的情緒和各種不同的狀況。

使用分類整理詞彙

「我們吃水果吧！」喜歡水果的孩子聽到馬上興奮地回答：「好！」「吃什麼水果呢？有葡萄和草莓。」雖然聽起來像是一般家庭的日常對話，但對於身為語言治療師同時也是母親的我，會這麼問是有意圖的。到底從這個簡單的問題中可以獲得什麼樣的語言要素呢？

當孩子的詞彙量累積到一千個左右，句型表達也會變得更加多樣，孩子開始會在腦海中整理詞彙。把各個單詞分類，這樣可以有效掌握、儲存、記憶和使用。就像我們把資料分類整理好後捆綁在一起，要用時就可以立即找到取出，有新的資料加入時，整理歸位也很容易。孩子在學習和累積大量詞彙的過程中，自然會在大腦中根據特性分類、整理，在需要時抽出來使用，同時也可以更有效地學習新的詞彙。這樣累積的詞彙能力會成為日後提高語言發展和閱讀理解能力的後盾。

例如「蘋果」這個詞。剛開始學說話的孩子，看著這個圓圓紅色的物體，觸摸並體驗，理解蘋果這個詞的意義。如果孩子想在不同的地方運用蘋果這個詞，就必須對單詞有更深的理解，也就是需要更多訊息。學習蘋果是可食用的食物，在食物這個大範疇裡被分類為「水果」。在這個分類中還有梨子、橘子、香蕉等。有紅色的蘋果，還有綠色的蘋果。生長在樹上，最佳享用的季節是秋天……蘋果一詞與其他單詞或概念是連在一起的。這些訊息把單詞和單詞連接得更緊密，提高了學習新詞彙的效率。

知道許多不同類別的孩子，對於自己已知類別內的詞彙可以更快速理解。例如知道「水果」這個類別，在聽到一種新的水果名稱時，就能更快學習並記起來。因此，**平時在與孩子的對話中，請盡可能讓孩子了解各種不同類別的東西。**

對於分類理解不足的孩子，可以用同一個類別中兩個以上的單詞來幫助孩子理解。例如問了：「早上要吃什麼？」後加上一句：「有麥片，也有海帶湯。」讓孩子知道這兩個東西都屬於「食物」的類別。問孩子：「要塗什麼顏色呢？」

後面加上：「紅色？還是藍色？」那麼孩子就會知道「紅色、藍色、黃色……原來這些單詞都是顏色啊。」

在日常對話中，孩子也會隨時將新詞彙與已知的東西連結起來，分類並學習。如果能夠更明確地引導這個過程，那麼就能進一步提高學習效率。以下列舉一些常用的類別，可以在日常對話中增加出現的頻率，對孩子的語言發展會很有幫助的。

「早餐」想吃什麼？
「午餐」想吃什麼？
「晚餐」想吃什麼？
今天想吃什麼「點心」？
想喝什麼「飲料」？
想吃什麼「水果」？
要加什麼「蔬菜」？
想穿哪件「衣服」？
想帶什麼「玩具」？
想畫什麼「動物」？
要選什麼「顏色」？

要做成什麼「形狀」？

要坐什麼「交通工具」？

在超市的蔬菜區

超市是最自然劃分類別的地方，每個物品種類都整理得清清楚楚，讓人很容易就找得到，因此不僅可以學習具體的食物或物品名稱，還可以知道有哪些分類。可以先列好一張購買清單，或提前告訴孩子要買的東西，讓孩子在超市裡找找看。「我們要買紅蘿蔔。蔬菜在哪裡呢？」讓孩子尋找蔬菜聚集的地方。如果找不到，父母當然可以幫忙。「這裡！這裡有好多不同的蔬菜。有紅蘿蔔、還有蔥！」就像玩遊戲一樣，提高孩子的參與度，就不會覺得陪媽媽買菜很無聊了。

語言刺激第五步

可以進行長文句的對話

讓孩子盡情
思考和表達

和孩子聊聊累積的回憶吧！

帶孩子去動物園、博物館、海邊玩回來，孩子意猶未盡地纏著父母訴說遊玩的回憶，如果能以愉快而特別的經歷為基礎進行對話，對孩子是很好的語言刺激。不過通常孩子無論玩得多麼開心，回家後聊到遊玩的狀況，往往說不上來。

「動物園好不好玩？我們在動物園看到了什麼？」

「大猩猩！」

「對，大猩猩！還看到什麼動物？」

「獅子」。

「看到獅子，還有呢？」

想要與孩子進行豐富的對話，第一步就是要在孩子經歷的

過程中給予充分的語言刺激，而不是事後。孩子在動物園看到正在游泳的水獺時，若聽到「哇！水獺在水裡游泳呢」這樣的表達，回到家自然會很容易想起並表達出來。如果在動物園只是看著游泳的水獺，沒有聽到任何語言表達，那麼回家後再回憶起經歷，就很難形成句子、用語言表達。當然如果詞彙能力和表達能力本來就很好的孩子，或許可以很容易做到，但大部分孩子還是需要伴隨經驗的語言刺激。

有些父母會一邊說：「〇〇今天去動物園玩得開心嗎？我們是不是有看到很高很高的長頸鹿？」一邊拿出手機照片給孩子看，不知不覺就聊了起來。看著照片的確可以想起更多回憶，讓對話更豐富。孩子的親身經歷很珍貴，若能善加運用照片，就能提高對話的質與量。因此，**出去玩時不妨多拍些照片，和孩子一起翻看相簿一邊談論照片中的故事和回憶，也能自然而然地按照時間順序羅列事件。**

「這張全家福是在大門拍的，我們拍了照之後才進去參觀。」

「進去裡面首先看到了猴子，然後還看到老虎！」

「對了，因爲肚子餓還去吃了午飯。」

聊聊「何時」「在哪裡」「發生什麼事」

孩子對於感興趣的話題會有很多話想說，所以可以利用這點引導孩子多表達。例如孩子在圖畫書裡看到長頸鹿很興奮，就可以說：「還記得我們上週去動物園看長頸鹿嗎？」藉此打開話題，再開始聊些具體的內容，「長頸鹿真的長得好高！」或對特定場所或事件提問：「長頸鹿在樹旁邊做什麼？」**當具體提出「何時」「在哪裡」「發生什麼事」時，孩子就更容易回憶起當時發生的事。比起答案簡單的提問，父母最好可以多拋出一些需要長句子回答的開放性提問。**

有研究發現，當父母和孩子一起深入談論過去經歷時，孩子可以更專注地傳達自己想說的話，而且童年記憶會更長時間地被保留下來。

不過孩子還不熟悉該如何有條理地傳達自己的意思，有時候會同時講出兩個完全不相關的事，有時又會把時間搞混。例如正在講動物園看到大猩猩，突然又冒出冰淇淋掉下去了，不管順序，只把印象最深的事說出來。但是經過這樣的過程累積，未來接近學齡期時，孩子就會逐漸掌握將各種事件因果連結在一起或按照順序排列的要領。

在談論過去的經驗時，會使用過去的句型，例如「做～過」、「去過～」、「～了」，自然就會熟悉過去的時態，用「還有」、「首先」、「然後」、「～之前」、「～之後」等與時間連結有關的連接詞，以及「因為～所以～」這種連接因果關係的表達方式。運用不同的句型練習，在句子中使用像「曾經」、「已經」、「剛剛」等時間副詞，就可以自然地掌握符合語序的句型，增加表達長度。

父母：「蛇本來在樹下，剛剛突然動了！」

孩子：「對，我也看到蛇在樹下動了！」

父母：「嗯！還有青蛙也在樹下。」

孩子：「對。我看到蛇之後，就看見青蛙也在那裡。」

把孩子表達的句子複述一遍，如果在語序或用詞上有誤，不但可以自然地說出正確的表達，還可以透過積極回應引發更多對話。對孩子的話產生共鳴，會讓孩子更投入，想再多說一點，這等於是給孩子引導對話的主導權。

同時，我們還可以再進一步擴大孩子的敘事能力，這是指可以有條不紊地構成並傳達事件或故事的能力。能夠理出因果關係，並成功傳達核心內容的敘事能力，可以說是日後影響學業及社會成果關係深厚的重要能力。想訓練孩子的敘事能力，可以用孩子分享的事件和句子為基礎，再增加一兩個內容。以前面談論青蛙的對話為例，孩子說：「我看到蛇之後，就看見青蛙也在那裡。」父母補充：「因為青蛙在的地方有點暗，所以覺得有點怕怕的。」還可以透過追加提問，增加深刻的思考。「為什麼看不到老虎呢？」最後再總結：「哇！今天在動物園裡看到了很多動物。」只要在孩子的表達上再多說一句話，就會成為很棒的語言刺激。

每天1分鐘對話

睡前對話

一天中聊天的最佳時機就是睡前和孩子一起躺在床上時。「今天在補習班有看到○○嗎？」「中午吃飯時跟誰一起坐？」「今天下課時也跟昨天一樣玩盪鞦韆嗎？」提出具體的問題。若孩子回答：「嗯，有玩盪鞦韆。」就可以再問一些更開放的問題，「還有玩什麼？」「還有溜滑梯。」只要給孩子充分思考和回答的時間，並認眞傾聽，孩子就會獲得深入思考、記憶和表達的機會。

一起聊聊以後會發生的事吧！

除了過去的經驗，未來的事對語言發展也很有助益。「我們明天要去醫院做健康檢查。」向孩子預告，可以讓他們預測即將到來的情況，孩子在可預測的情況下會獲得心理上的安定，就更容易接受外部刺激。

和孩子一起坐在候診室，媽媽說：「等一下護理師會叫你的名字，到時候我們再進去見醫生。醫生應該會先量你的體重和身高。」在媽媽的預先說明之下，第一次健康檢查的孩子得以在腦海中預先勾勒出診療室內的狀況。接著產生了好奇心，「要打針嗎？」「嗯，今天要打預防針。」

通常父母不會提前告訴孩子他不喜歡的事，並希望可以速戰速決，但是這樣留給孩子的只有背叛感（不害怕打針的孩子當然另當別論）。事情過去了，但對孩子來說打針仍然是

「痛苦且討厭」、「不知道什麼時候要打針」的可怕惡夢。不管再怎麼痛苦的事，如果父母事前能給孩子一些訊息或預告，孩子的表現就會不一樣。

「不要！我不要打針。一定很痛！」「嗯，你很怕打針會痛，對吧？可是如何你鼓起勇氣，我相信打完之後你會覺得自己很棒喔！這樣進行事前告知，那麼打完針出來的孩子可能會這樣表達：「本來很怕會痛，但還是鼓起勇氣，勇敢地去打針了。」

我家老大對環境變化很敏感，一到新環境都會很緊張。因此每次要去一個沒去過的地方，都必須事先溝通。例如：「我們週末去新開的水族館吧？」孩子總是脫口說：「不要！」這種狀況下，我通常會先用手機搜尋幾個地方，然後把圖片給孩子看，告訴他那是什麼地方、可以在那裡做什麼等詳細信息。若有相關書籍就一起閱讀。這樣孩子才終於同意：「好，去水族館。」在去一個新地方之前若未進行充分的對話，經驗就不會豐富。相反地，提前進行充分對話之後，就能享受更多快樂和愉悅的感受。在豐富的經驗之後，總是伴隨著更豐富的表達。

預告未來發生的計畫，還可以讓孩子學習到多種時間概念。「我們待會兒幼兒園結束後要去阿姨家玩。」「下週六要去奶奶家玩。」把「今天」、「明天」、「後天」、「上午」、「下午」、「待會兒」、「以後」等多種詞彙在對孩子有意義的敘述中自然提及。**時間概念非常抽象，因此只有在直接多樣的經驗中反覆出現，孩子才能理解。從離現在最近的單詞開始學習，然後逐漸增加離現在時間越來越遠的未來單詞。**

每天1分鐘對話

說出計畫

每次和孩子外出，不要忘了聊聊當天的計畫，但並非「你今天要做這個和那個」這種指示性的對話，而是以幫助孩子享受日常生活的態度進行對話。

「今天幼兒園放學要去上跆拳道課喔！」

「你今天上跆拳道課時想學到什麼？」

「上次學的踢腿，今天應該還會練。」

「今天晚上要吃的炸豬排，媽媽已經準備好了。」

反覆提問可以促進邏輯思考

和孩子一起回家的路上，看到有人在屋頂上施工。第一次看到人站在屋頂上的孩子問道：「媽媽，那位大叔為什麼在上面？」我原本打算回答：「嗯……我猜他在修屋頂。」但我沒有說出口，而是先停下腳步，然後反問孩子：「對啊，他怎麼會在屋頂上呢？」過了幾秒鐘，孩子回答：「可能屋頂上有東西要修理吧。」

很多時候，孩子其實知道問題的答案，只是他們不知道自己知道答案。利用反問的方式，孩子才會發現：「啊！原來我知道啊！」自己找到答案。**任何人在接到提問時，都會很自然地習慣馬上回答，特別是孩子提出的問題，身為父母認為自己應該馬上回答。但如果先不回答而反問孩子，就可以給予孩子培養思考能力的機會。**

孩子的認知力累積到一定程度後，就會有邏輯思考的能力。根據從以前到現在累積的各種知識和經驗，自行得到結論。不僅會談論眼前可見的事，例如「大叔站在屋頂上」，還會談論眼前看不見但能透過邏輯思考描述的事，如「大叔爬到上面修屋頂」。這種概念被稱為「去語境化」（decontextualized language），這個概念也會影響孩子未來在課業上的發展。

正確答案並不重要。「為什麼會這樣？」「怎麼會那樣？」像這些問題透過自己邏輯思考並推測答案的過程很重要。要給孩子充分累積思考的機會，就要給鼓勵他們自己去想、去推測情況。孩子有時答非所問或跳到其他方向，例如：「我想我可以爬得更高。」這時不要急著糾正孩子的回答，可以說：「這樣啊～有可能喔。」要尊重孩子的想法。「是不是在屋頂上有什麼好玩的？」提出創造性思考的機會，孩子反而會回答：「才不是呢！」他們也會有合乎邏輯的思考。最後，父母再為孩子指出正確的方向：「那應該是屋頂上有什麼東西需要修理吧？」孩子又繼續思考，推測出答案：「是不是屋頂壞了，所以才要上去修理？」

也可以提供線索給孩子：「看那個大叔一直在摸屋頂，到底是在做什麼呢？」給孩子一些可參考的線索：「他手裡好像拿著鎚子？」**要對情況進行合理的推斷，就需要適當的線索，不要直接說出答案，而是給孩子指明方向，讓他們學習透過線索進行推斷。**

如果孩子沒有提問，家長也可以試著向孩子提出一些引發思考的問題。尤其是外出時，就可以尋找各種機會：「遊樂場的地都溼了，怎麼會這樣呢？」像自言自語一樣說出口然後等待，等孩子自己思考並回答：「可能是因為下雨，所以地上都溼了。」透過更仔細的觀察和深入思考，孩子可以培養更廣泛、更能深度理解世界的力量。

每天1分鐘對話

脫離脈絡討論

親子共讀時，不要只是念給孩子聽，在中途停下來對書的內容進行對話，也是一種語言刺激的有效策略。透過脫離故事脈絡的問題激發想法，效果會更好。

在語言治療課當中，經常會使用幾個典型的問題。「爲什麼會那樣呢？」「接下來會怎麼樣？」「你感覺如何？」「如果是你會怎麼做？」「你也有過這樣的經歷嗎？」

積極回應孩子的各種想法和推理，支持孩子自由拓展思維。即使孩子沒有馬上回答，也不要代替孩子說出答案，應該提供各種有助推理的線索，或再提問：「是不是因爲○○所以才這樣？」「我覺得好像是○○，你覺得呢？」持續對話，引導孩子更多面向的思考。

清楚解釋詞義

「關照是什麼？」孩子從四歲開始，聽到陌生的表達就會反問「那是什麼意思？」起初，突如其來的提問會讓我嚇一跳，但還是會盡力用孩子能理解的方式解釋：「關照就是幫助別人，讓他不會覺得不舒服。」

年幼的孩子以親眼所見、觸摸和體驗為基礎理解詞彙。但是認知和表現力明顯增長的孩子，即使不是眼前所見，也能聽懂並理解有關單詞的簡單解釋。所以用「○○的意思是～」這種說明就可以讓孩子接受。**若說之前的階段著重於增加詞彙量，那麼現在這個階段就要著重於增加詞彙的深度。對詞彙的理解越深，就越能積極使用，並理解各種文句。為了加深詞彙的深度，需要「明示法學習」。**

許多研究顯示，以明確的方式表達詞彙，會比被動接觸詞彙更能有效幫助孩子學習。也就是說，要告訴孩子單詞的正確含義，他們才能有效理解和記憶。對於語言發展遲緩的孩子來說更是如此。根據每個孩子能力的不同，都需要明確、重複學習的機會。

念著書中的內容：「小美覺得很自豪。」通常都會讓孩子從上下文來推測意思。這沒什麼問題，但你還可以多給孩子一個思考的機會，就是推測單詞的意思。「你覺得很『自豪』是什麼意思呢？」透過上下文也許能大概掌握並理解意思，但如果孩子仍不清楚「自豪」是什麼，就需要家長明確地說明。可以加上一些簡要的描述，例如：「自豪代表你努力做了一件事，感覺很好。」讓孩子明確知道陌生單詞的意思，就可以更深入理解書或對話的內容。

重要的是要用孩子能理解的表達方式進行說明，孩子聽得津津有味，或是能完全了理解對話內容時，就會很開心。不要把心力都用在教孩子很多新的單詞，也要好好幫助孩子理解，這樣對話才會越來越順暢。如果每次一出現不認識的單詞就停下來說明，也會切斷對話的節奏，產生反效果。針對孩子好奇的單詞進行簡單說明就可以了。例如在看書時，讓孩子理解一兩個重要的關鍵詞就足夠。

知道了重要單詞的意思，接下來就要加以運用。例如「自豪」這個詞，用「小美盡力幫助朋友，所以心情很好，覺得自己很棒，感到很自豪。」以同樣脈絡的內容再重新說明，孩子就更能理解單詞的用法。說明時可以與孩子的個人經驗或知識連結，印象會更深刻。「你什麼時候會覺得很自豪？」「你上次很努力用樂高蓋了一棟房子，當時心情怎麼樣？」

如果與孩子的所有對話都像上課一樣，那麼孩子很快就會感到無聊和有壓力。留意日常生活中偶然出現的學習機會，只要父母及時幫助和引導孩子，就可以進行更深入、更豐富的對話。

擴大社會性的表達方式

孩子以與父母的情感關係為基礎，形成與同齡朋友的關係。在嬰兒期，與父母的互動和溝通比世界上任何人都重要。但隨著孩子的成長，與其他朋友一起玩、溝通、學習的社會性發展會變得非常重要。而在這個過程中，語言就扮演了很大的作用。為了幫助孩子在同儕間累積豐富的社會經驗，需要父母有系統的引導。

社會性也稱社交性，不是單純地將自己的想法傳達給他人，也要考慮到他人的立場。最常見的是在玩玩具時，看到別的小朋友在玩自己想要的玩具，孩子會說：「那個是我的！」以口語表達上來說沒有問題，但從社會性的觀點來看就不一定了。這種社交上的技能可以透過充分的社會經驗和觀察來學習。透過與同儕或兄弟姐妹之間各種矛盾和愉快的

經歷，孩子可以自然而然學習社交技能。但如果父母為了迅速解決問題平息紛爭而直接獨斷性地進行仲裁，說不定會剝奪孩子學習自己調節言行表達的機會。

父母可以提供工具，幫助孩子在矛盾中累積正面的社會經驗，而這個工具就是口語表達的經驗。要解決與他人之間的矛盾，不是用激烈的語氣和行動。孩子目前還不知道如何調適情緒，也不知道該怎樣用適當的話語來表達，因此常常會本能地動手或哭鬧來表達。

以下例子是適合孩子與同儕或兄弟姐妹玩耍時使用的表達方式。父母可以根據情況為孩子塑形，但不要強迫孩子照著做。當作是一種提示，但真正實踐還是要交給孩子自己。另外，當孩子和其他小朋友在玩時，父母也不宜每次都介入，留點空間在周圍觀察後再適時給予幫助比較恰當。

「你好，要不要跟我一起玩？」

問候是最基本的社會技能。見到他人可以揮揮手問候「你好」、問對方名字，以「要不要跟我一起玩」開啟對話。當孩子想和其他小朋友一起玩，卻不知道如何開口時，就把這個方法告訴他吧！

「我可以玩一下嗎？」「我可以用一下嗎？」

不要直接拿走對方手上的東西，應該先適當表達自己也想玩的想法。即使得到的回答是否定的，也要尊重對方並等待，這個技能孩子必須慢慢學習。而靜靜等待的能力，是從自己先充分享受過的經驗中培養出來的，所以這部分需要父母協助，讓孩子與他人都有公平的機會累積經驗。

「玩完了請告訴我。」「玩夠了請給我。」

如果現在還沒輪到自己，那麼提醒遵守對方玩過之後就輪到我的約定，對孩子來說可以緩解等待的痛苦。當然，父母必須協助確保大家都能遵守這個約定，自己的體驗結束後務必要依照順序交給下一個人，這樣才能讓孩子們建立遵守規範的概念。

「我還在玩。」「我還沒有準備好。」

要理解對方的心情和狀況，然後禮讓別人的能力，大概要到 3 歲半～4 歲才會慢慢產生。在此之前，自己有過充分享受的經驗，自然會捨不得把玩得正開心的玩具讓給其他人。不過比起用「不要！」「不行！」「這是我的！」這些激烈的話語或行動來表達，父母不妨教導孩子使用較柔和的表達方式，減少矛盾衝突產生。

「我不想等！」

孩子年紀還小，沒有耐心也還不理解何謂公平、順序。父母首先要理解孩子的心情並給予共鳴，讓孩子感到安全感。再慢慢引導孩子用話語來表達情緒，培養理性與感性均衡、等待的力量。

「我玩完了就給你。」「我這個用完就給你。」

孩子要學習的另一種社交技能是把自己經驗過後的東西交給下一個人，父母可以明確地教導孩子表達的方式。「好，現在輪到你了。」

「你可以先玩／用」

父母都期望自己的孩子能有禮讓的精神，但如果單方面要求「因為你是哥哥，所以讓弟弟先玩」或「你應該先讓給朋友玩啊」，孩子只會覺得委屈，不理解為什麼要讓給別人。培養禮讓精神的關鍵，是孩子要能察覺到他人的心理，然後自然產生禮讓的想法。因此，比起調整孩子的行為，更重要的應該是幫助孩子去觀察他人的心情。「那個小朋友看起來也很想玩，先讓給他，我們等等再玩吧。」這樣引導孩子，幾次之後某天孩子可能就會主動表達：「你先玩吧！」

每天1分鐘對話

在親子餐廳

親子餐廳是最能觀察自己孩子與同儕交流的地方。在社區公園遊樂場，父母總是遠遠地看著孩子，避免受傷就好；但在親子餐廳，更能近距離觀察互動。親子餐廳的遊戲區內，孩子與同儕之間可能會因爲某個玩具發生爭執，或爲了誰先誰後而爭先恐後，這時就需要父母在一旁幫助孩子用正面的社交語言與新朋友交流，累積良好的社會經驗。

嬰幼兒
基本詞彙列表

要跟孩子說什麼好呢？

這裡的早期詞彙列表彙集了處於語言發展階段第一步到第三步，大概是 0～3 歲的嬰幼兒在語言發展過程中通常最先、最常用到的詞彙。在前面的內容中介紹過「如何」與孩子對話，在這裡會介紹父母要告訴孩子「什麼」內容，並列舉一些可以使用的單詞。

同時還可以用來檢視孩子的詞彙量。如果發現孩子有新的理解和反應的表達，也可以在以下附錄中確認，不過最好將孩子的接受性語言和表達性語言分開來確認。當孩子聽到特定單詞時，即使沒有提示或手勢等線索也能理解並行動（看向該物品或去拿過來），就是已理解的接受性語言。

例如提問：「球在哪裡？」孩子若理解就會盯著球看。確認了已「理解」之後，接著再確認孩子的「表達」即可，確認的條件如下：

- 可以符合脈絡、具一貫性、自發性使用的詞彙。
- 先不論發音正確與否，對特定對象具有一貫性的表達。（例如總是把「阿公」發音成「阿東」）

每個孩子會根據自己的興趣愛好、環境和文化、語言發展的特性，在選擇使用哪些單詞時具有個別差異。例如某些家庭習慣說「夾克」，同樣的服飾在其他家庭可能習慣稱為「外套」，所以附錄中所列的詞彙並非絕對的，比較像是語言發展階段整體可以引導孩子的方向。在嬰幼兒期的孩子對自己關心、有興趣的單詞最容易掌握，可以把握這個特點，靈活地與孩子進行互動。

紅字爲2～3歲高度使用詞彙

食物

	理解	表現
柿子	☐	☐
馬鈴薯	☐	☐
雞蛋	☐	☐
地瓜	☐	☐
肉肉	☐	☐
餅乾／糖糖	☐	☐
湯	☐	☐
羹	☐	☐
橘子	☐	☐
海苔	☐	☐
紅蘿蔔	☐	☐
草莓	☐	☐
年糕	☐	☐
飯飯	☐	☐

	理解	表現
海帶湯	☐	☐
香蕉	☐	☐
栗子	☐	☐
飯	☐	☐
梨子	☐	☐
麵包	☐	☐
蘋果	☐	☐
糖果	☐	☐
魚	☐	☐
冰淇淋	☐	☐
洋蔥	☐	☐
冰塊	☐	☐
起司	☐	☐
葡萄	☐	☐

飲品

	理解	表現
豆漿	☐	☐
水	☐	☐

	理解	表現
牛奶	☐	☐
果汁	☐	☐

玩具

	理解	表現
剪刀	☐	☐
球	☐	☐
機器人	☐	☐
積木	☐	☐
鉛筆	☐	☐
玩偶／娃娃	☐	☐

	理解	表現
玩具	☐	☐
紙	☐	☐
書	☐	☐
蠟筆	☐	☐
原子筆	☐	☐
膠水	☐	☐

身體部位

	理解	表現
耳朵	☐	☐
眼睛	☐	☐
腿	☐	☐
背	☐	☐
頭	☐	☐
頭髮	☐	☐
身體	☐	☐
膝蓋	☐	☐
腳	☐	☐
肚子	☐	☐
肚臍	☐	☐

	理解	表現
頰	☐	☐
手	☐	☐
肩膀	☐	☐
臉	☐	☐
屁股	☐	☐
額頭	☐	☐
牙齒	☐	☐
嘴巴	☐	☐
鼻子	☐	☐
下巴	☐	☐
手臂	☐	☐

人物稱謂

	理解	表現
姊姊	☐	☐
舅舅	☐	☐
老師	☐	☐
嬰兒／寶寶	☐	☐
爸爸	☐	☐
叔叔	☐	☐
自己的名字	☐	☐

	理解	表現
弟弟妹妹／朋友的名字	☐	☐
喜歡的卡通人物名	☐	☐
媽媽	☐	☐
哥哥	☐	☐
阿姨	☐	☐
奶奶	☐	☐
爺爺	☐	☐

物品

	理解	表現
鏡子	☐	☐
碗	☐	☐
釦子	☐	☐
錢	☐	☐
蓋子	☐	☐
OK繃	☐	☐
枕頭	☐	☐
燈	☐	☐
肥皂	☐	☐
梳子	☐	☐
吸管	☐	☐
髮夾	☐	☐

	理解	表現
眼鏡	☐	☐
藥	☐	☐
鑰匙	☐	☐
雨傘	☐	☐
被子	☐	☐
盤子	☐	☐
筷子	☐	☐
奶嘴	☐	☐
吸塵器	☐	☐
牙膏	☐	☐
牙刷	☐	☐
刀子	☐	☐

箱子	☐	☐
手帕	☐	☐
湯匙	☐	☐
時鐘	☐	☐

杯子	☐	☐
平板	☐	☐
叉子	☐	☐
手機／電話	☐	☐

家具

	理解	表現
冰箱	☐	☐
門	☐	☐
房間	☐	☐
洗衣機	☐	☐
沙發	☐	☐
餐桌	☐	☐

	理解	表現
垃圾桶	☐	☐
椅子	☐	☐
窗戶	☐	☐
書桌	☐	☐
床	☐	☐
電視	☐	☐

衣物

	理解	表現
包包	☐	☐
外衣／外套／夾克／大衣／羽絨衣	☐	☐
尿布	☐	☐
釦子	☐	☐
口罩	☐	☐
帽子	☐	☐
褲子	☐	☐

	理解	表現
鞋子	☐	☐
襪子	☐	☐
衣服	☐	☐
上衣	☐	☐
拉鍊	☐	☐
裙子	☐	☐
內褲	☐	☐

交通工具

	理解	表現
警車	☐	☐
救護車	☐	☐
火車	☐	☐
船	☐	☐
公車	☐	☐
飛機	☐	☐

	理解	表現
消防車	☐	☐
娃娃車	☐	☐
腳踏車	☐	☐
車子／汽車	☐	☐
計程車	☐	☐
貨車	☐	☐

位置

	理解	表現
後面	☐	☐
底下	☐	☐
外面	☐	☐
下面	☐	☐
裡面	☐	☐

	理解	表現
前面	☐	☐
這裡	☐	☐
旁邊	☐	☐
上面	☐	☐
那裡	☐	☐

互動的詞彙

	理解	表現
謝謝	☐	☐
沒關係	☐	☐
好啊	☐	☐
結束	☐	☐
好	☐	☐
再一次	☐	☐
完成了	☐	☐

	理解	表現
親親	☐	☐
我愛你	☐	☐
慢慢地	☐	☐
不要	☐	☐
不是	☐	☐
你好	☐	☐
抱抱	☐	☐

再給我	☐	☐
幫我	☐	☐
好了	☐	☐
又	☐	☐
萬歲	☐	☐
對	☐	☐
對不起	☐	☐
拍手	☐	☐
掰掰	☐	☐
背背	☐	☐
喂	☐	☐
嗯（喔）	☐	☐
這個	☐	☐
做得好	☐	☐
那個	☐	☐
好啊	☐	☐
請給我	☐	☐

感嘆詞

	理解	表現
喂	☐	☐
哎喲	☐	☐
喔耶	☐	☐
天啊	☐	☐
哈啾	☐	☐
嘿咻嘿咻	☐	☐
喔喔	☐	☐
哇	☐	☐
哇塞	☐	☐
呃	☐	☐

戶外

	理解	表現
商店	☐	☐
雲	☐	☐
鞦韆	☐	☐
花	☐	☐
樹木	☐	☐
遊樂場	☐	☐
星星	☐	☐
醫院	☐	☐
雨	☐	☐
超市／市場	☐	☐
翹翹板	☐	☐
大樓	☐	☐

雪	☐	☐
月亮	☐	☐
石頭	☐	☐
沙／土	☐	☐
溜滑梯	☐	☐

家	☐	☐
草地	☐	☐
天空	☐	☐
學校／幼兒園／托兒所	☐	☐
太陽	☐	☐

動物

	理解	表現
青蛙	☐	☐
螞蟻	☐	☐
蜘蛛	☐	☐
烏龜	☐	☐
貓咪	☐	☐
熊	☐	☐
恐龍	☐	☐
長頸鹿	☐	☐
螃蟹	☐	☐
蝴蝶	☐	☐
松鼠	☐	☐
雞	☐	☐
豬	☐	☐
馬	☐	☐
狗狗／汪汪	☐	☐
老鼠	☐	☐
大象	☐	☐
兔子	☐	☐

	理解	表現
章魚	☐	☐
魚	☐	☐
蛇	☐	☐
蜜蜂	☐	☐
獅子	☐	☐
鯊魚	☐	☐
鳥	☐	☐
牛	☐	☐
鱷魚	☐	☐
羊	☐	☐
狐狸	☐	☐
山羊	☐	☐
鴨子	☐	☐
魷魚	☐	☐
猴子	☐	☐
企鵝	☐	☐
河馬	☐	☐
老虎	☐	☐

擬聲語、擬態語

	理解	表現
蹦蹦跳跳	☐	☐
喔喔（公雞叫）	☐	☐
哎呀呀	☐	☐
咕嚕（吞嚥聲）	☐	☐
嚄嚄（豬啼叫聲）	☐	☐
咚咚	☐	☐
搖搖晃晃	☐	☐
冒冒失失	☐	☐
滴答滴答	☐	☐
敲敲打打	☐	☐
汪汪	☐	☐
亮晶晶	☐	☐
喔喔喔（猩猩叫聲）	☐	☐
嗚咽	☐	☐
抽抽噎噎	☐	☐
吱吱喳喳	☐	☐
嘰嘰	☐	☐
噗通噗通	☐	☐

	理解	表現
咕嚕咕嚕	☐	☐
轟隆隆	☐	☐
砰砰	☐	☐
颼	☐	☐
噔噔	☐	☐
噗	☐	☐
喔咿喔咿	☐	☐
啾啾	☐	☐
咻	☐	☐
嗖嗖	☐	☐
喵嗚	☐	☐
吼	☐	☐
刷刷刷	☐	☐
嘟嘟（形容蒸氣氣笛聲）	☐	☐
形容鼻塞	☐	☐
咚！	☐	☐
哐噹哐噹	☐	☐
搖搖擺擺（猶豫不決的樣子）	☐	☐

形容詞

	理解	表現
癢、麻	☐	☐
像……一樣	☐	☐
就是那樣	☐	☐
長	☐	☐
黑漆漆	☐	☐
乾淨	☐	☐
低矮	☐	☐
黃黃的	☐	☐
不好吃	☐	☐
好吃	☐	☐
辣	☐	☐
重	☐	☐
可怕	☐	☐
討厭	☐	☐
肚子餓	☐	☐
快	☐	☐
紅紅的	☐	☐
新奇	☐	☐
無聊	☐	☐
好累	☐	☐
痛（哎呀）	☐	☐

	理解	表現
高	☐	☐
甜	☐	☐
骯髒	☐	☐
熱	☐	☐
暖和	☐	☐
一樣	☐	☐
燙	☐	☐
多	☐	☐
怎麼辦	☐	☐
沒有	☐	☐
漂亮	☐	☐
這樣	☐	☐
有	☐	☐
小小的	☐	☐
不好玩	☐	☐
好玩	☐	☐
窄小	☐	☐
冰冰的	☐	☐
冷	☐	☐
大	☐	☐
需要	☐	☐

動詞

	理解	表現		理解	表現
去	☐	☐	修理	☐	☐
帶走	☐	☐	拿出	☐	☐
關	☐	☐	跑	☐	☐
出去	☐	☐	喝	☐	☐
出來	☐	☐	做	☐	☐
飛走	☐	☐	摸	☐	☐
下去	☐	☐	吃	☐	☐
下來	☐	☐	不知道	☐	☐
跌倒	☐	☐	問	☐	☐
放入、裝入	☐	☐	推	☐	☐
玩	☐	☐	塗	☐	☐
放下	☐	☐	釘	☐	☐
躺下	☐	☐	丟掉	☐	☐
受傷	☐	☐	脫下	☐	☐
擦	☐	☐	看到	☐	☐
丟	☐	☐	撞	☐	☐
（用手）提	☐	☐	破碎	☐	☐
進去	☐	☐	吹	☐	☐
打	☐	☐	點火	☐	☐
掉	☐	☐	夾	☐	☐
溺水、落水	☐	☐	上去	☐	☐

抽、拔	☐	☐
親親	☐	☐
買	☐	☐
躲	☐	☐
穿	☐	☐
小便／尿尿	☐	☐
大便	☐	☐
倒出來	☐	☐
寫	☐	☐
洗	☐	☐
坐	☐	☐
知道	☐	☐
開	☐	☐
來	☐	☐

哭	☐	☐
起來／起床	☐	☐
讀	☐	☐
穿	☐	☐
睡	☐	☐
剪	☐	☐
抓	☐	☐
給	☐	☐
踢	☐	☐
找	☐	☐
抹	☐	☐
搭乘	☐	☐
搖	☐	☐

國家圖書館出版品預行編目資料

每天一分鐘對話，0~5歲孩子腦部發展大躍進 / 黃眞悧 著；馮燕珠 譯. -- 初版. -- 臺北市：圓神出版社有限公司，2025.05

256 面；14.8×20.8公分 --（天際系列；31）

譯自： 하루 1분 언어자극의 기적

ISBN 978-986-133-972-6（平裝）

1.CST：育兒　2.CST：語言訓練

428.85　　114002976

Eurasian Publishing Group 圓神出版事業機構 用心與你對話．視野無限寬廣

圓神出版社 Eurasian Press

www.booklife.com.tw　　reader@mail.eurasian.com.tw

天際系列 31

每天一分鐘對話，0~5歲孩子腦部發展大躍進

作　　者／黃眞悧
譯　　者／馮燕珠
發 行 人／簡志忠
出 版 者／圓神出版社有限公司
地　　址／臺北市南京東路四段50號6樓之1
電　　話／（02）2579-6600．2579-8800．2570-3939
傳　　真／（02）2579-0338．2577-3220．2570-3636
副 社 長／陳秋月
主　　編／賴真真
責任編輯／吳靜怡
校　　對／吳靜怡．尉遲佩文
美術編輯／蔡惠如
行銷企畫／陳禹伶．朱智琳
印務統籌／劉鳳剛．高榮祥
監　　印／高榮祥
排　　版／杜易蓉
經 銷 商／叩應股份有限公司
郵撥帳號／18707239
法律顧問／圓神出版事業機構法律顧問　蕭雄淋律師
印　　刷／祥峰印刷廠
2025年5月　初版

하루 1분 언어자극의 기적: 미국 공인 언어발달 전문가 황진이쌤의 0~5세 뇌 발달,주의력,사회성 키우는 말 걸기

定價 370 元　　ISBN 978-986-133-972-6　　